国外国防科技年度发展报告（2021）

航天领域科技发展报告

HANG TIAN LING YU KE JI FA ZHAN BAO GAO

中国航天系统科学与工程研究院

国防工业出版社

·北京·

图书在版编目（CIP）数据

航天领域科技发展报告/中国航天系统科学与工程

研究院编著. —北京：国防工业出版社，2023.7

（国外国防科技年度发展报告.2021）

ISBN 978 - 7 - 118 - 12912 - 0

Ⅰ.①航…　Ⅱ.①中…　Ⅲ.①航天科技 - 科技发展 -

研究报告 - 世界 - 2021　Ⅳ.①V52

中国国家版本馆 CIP 数据核字（2023）第 116118 号

航天领域科技发展报告

编　　　者	中国航天系统科学与工程研究院
责任编辑	汪淳
出版发行	国防工业出版社
地　　　址	北京市海淀区紫竹院南路 23 号　100048
印　　　刷	北京龙世杰印刷有限公司
开　　　本	710 × 1000　1/16
印　　　张	18½
字　　　数	208 千字
版 印 次	2023 年 7 月第 1 版第 1 次印刷
定　　　价	130.00 元

《航天领域科技发展报告》

编 辑 部

主　　编　曹秀云
副 主 编　李　云

———————————————————

编　　辑

李虹琳　陈　菲　刘　姝　韩玉婧
张铃金

《航天领域科技发展报告》

审稿人员（按姓氏笔画排序）

王一然　方　勇　李　云　李　洲
李　璜　侯　勤　梁　巍　蒋宇平

撰稿人员（按姓氏笔画排序）

田　甜　刘　博　刘　慧　李虹琳
李薇濛　杨　开　杨富茗　肖剑白
张京男　陈肖旭　陈建光　贾　平
特日格乐　梁晓莉　舒　怀　穆瑞芬

编写说明

科学技术是军事发展中最活跃、最具革命性的因素，每一次重大科技进步和创新都会引起战争形态和作战方式的深刻变革。当前，以人工智能技术、网络信息技术、生物交叉技术、新材料技术等为代表的高新技术群迅猛发展，波及全球、涉及所有军事领域。智者，思于远虑。以美国为代表的西方军事强国着眼争夺未来战场的战略主动权，积极推进高投入、高风险、高回报的前沿科技创新，大力发展能够大幅提升军事能力优势的颠覆性技术。

为帮助广大读者全面、深入了解国外国防科技发展的最新动向，我们以开放、包容、协作、共享的理念，组织国内科技信息研究机构共同开展世界主要国家国防科技发展跟踪研究，并在此基础上共同编撰了《国外国防科技年度发展报告》（2021）。该系列报告旨在通过跟踪研究世界军事强国国防科技发展态势，理清发展方向和重点，形成一批具有参考使用价值的研究成果，希冀能为实现创新超越提供有力的科技信息支撑。

由于编写时间仓促，且受信息来源、研究经验和编写能力所限，疏漏和不当之处在所难免，敬请广大读者批评指正。

军事科学院军事科学信息研究中心

2022 年 4 月

前　言

2021 年，主要航天国家瞄准未来太空作战，调整航天装备与技术发展重点，持续推进重复使用运载器、低轨卫星互联网、星间激光通信、天基薄膜衍射成像、在轨服务机器人等技术发展，强化作战支援能力。

为系统梳理 2021 年航天领域科技的发展动向，中国航天系统科学与工程研究院组织编写了《航天领域科技发展报告》。报告内容主要包括综合动向分析、重要专题分析和附录三部分。其中，综合动向分析部分在总括 2021 年国外航天科技发展态势之后，分领域概述了航天运载技术、军用通信卫星技术、导航定位卫星技术、侦察与预警卫星技术、太空对抗装备技术的主要进展；重要专题分析部分选取各领域的重点问题和热点事件展开了深入研究；附录部分逐月梳理了 2021 年国外航天领域科技发展重要事件并择要点评，同时列表梳理了 2021 年国外航天领域重要战略文件、重大项目、重大演习。

中国航天系统科学与工程研究院作为航天行业中心情报所，在编委会统一编撰思想的指导下，采取"小核心、大外围"的组织方式，集中国内航天领域优势单位的专家共同完成此报告，在此向所有参编单位及专家表示衷心的感谢。由于时间紧张、水平有限，错误和疏漏之处在所难免，敬请广大读者批评指正。

编者

2022 年 5 月

目　录

综合动向分析

重要专题分析

综合与战略

航天运载技术

卫星应用技术

太空对抗技术

附录

综合动向分析

2021 年航天领域科技发展综述

2021 年，主要国家以维护太空利益为核心，持续强化战略引领和装备技术能力建设。进入太空技术以发展重复使用运载火箭技术和快速机动小型火箭技术为重点，同时持续推进先进航天动力技术研发；利用太空技术以卫星激光通信、低轨卫星导航、战术侦察、高超声速导弹预警探测等技术引领发展方向；控制太空技术继续向地月空间拓展，快速发展太空态势感知、太空攻防技术，持续创新在轨操作技术。

一、加强战略政策牵引，推动太空能力建设

2021 年，美国发布多份战略文件，持续推进太空装备技术发展和军力建设；英国发布顶层战略文件，指导本国太空能力建设。

（一）美国继续全面推进太空军力建设

拜登政府发布任期内首份顶层战略文件——《美国太空优先事项框架》（图 1），明确其太空发展两大类优先事项：一类是保持强健且负责任的美国航天事业，另一类是保护太空并使太空可持续发展，重点强调美国需在太

空领域保持领先地位、保卫国家安全以应对太空对抗威胁、保护天基关键基础设施、支持商业航天发展、维护太空国际秩序等；此外，白宫发布的《7号太空政策令：美国天基定位导航与授时（PNT）政策》，强调开发抗干扰导航技术以提高导航战能力。白宫发布《推进小型模块化反应堆在国防和太空探索领域的应用》行政令、能源部发布《太空能源》战略，强调发展空间核动力技术的重要性和具体事项。美国太空军发布《美国太空军数字化军种愿景》、太空司令部发布《美国太空司令部司令战略愿景》，积极推动太空军数字化转型，通过将太空领域与其他领域融合、巩固盟友及伙伴关系，提高太空作战能力，威慑美国对手。

图1　《美国太空优先事项框架》

（二） 英国制定顶层战略旨在推动军事航天技术发展

英国政府 9 月发布首份《国家太空战略》（图 2），提出保护英国太空利益、重塑太空环境、利用太空能力应对国内外挑战、保持英国在太空技术方面的竞争优势等战略愿景，确立推进太空前沿技术发展等战略目标。该战略通过规划英国太空产业和技术未来的发展路线，旨在打造英国太空技术研发基础、发展弹性太空能力，从而推动其军事航天技术发展。

图 2　英国《国家太空战略》

二、进入太空领域针对复用和快响目标，不断推进运载技术发展

2021 年，美国继续推进重复使用运载火箭技术的应用研究并不断提出

创新方案，积极探索小型火箭快速发射技术；美英推动航天先进动力技术持续攻关。

（一）重复使用运载火箭技术拓展应用范围并创新技术方案

美国开始探索以重复使用运载火箭技术为基础的全球投送技术。美军2022财年预算中新增"火箭货运"项目（图3），开始探索利用运载火箭实现1小时内、经由太空向全球任意地点投送百吨物资的新手段。该项目选择美国太空探索技术（SpaceX）公司、蓝源公司和XArc公司开展研究，其中，SpaceX公司"超重－星船"重复使用运载器已在2021年完成了多次低空、高空起降飞行试验；蓝源公司提出"新格伦"上面级重复使用技术研发计划，旨在将火箭打造为完全重复使用火箭，已在8月制造完成推进剂贮箱试验件；XArc公司主要负责对商业发射场开展此类军事任务进行评估。

图3 "火箭货运"概念图

美国私营公司提出多个重复使用运载火箭技术新方案，为美军大规模星座部署和快速按需补网提供了新选择。火箭实验室公司"中子"号大型重复使用运载火箭技术方案的特点是：采用碳纤维复合材料作为火箭壳体，以减轻箭体重量；整流罩与一子级一体化设计，采用开合式结构，可与一子级一起再入返回地球；箭体尾部装有 4 个翼型支角，用于起飞、着陆时支撑箭体；该火箭可利用简易发射设施实现快速发射，采用垂直起降技术途径实现重复使用，最快响应周期为 24 小时。相对论太空公司"地球人"－R 两级完全重复使用火箭技术方案的总体设计与 SpaceX 公司"超重－星船"类似，整流罩与二子级为一体化设计，采用开合式结构。

（二）小型火箭快速发射技术为快速补网提供新手段

美国太空军利用"飞马座"－XL 空射火箭成功发射"战术响应发射"－2 卫星，验证了该火箭在 21 天内执行发射任务的能力。未来美国将通过商用现货卫星平台与部件缩短卫星制造时间，并利用商业小型火箭缩短发射部署周期，最终实现 24 小时内快速响应发射，形成太空系统快速重构能力。此外，美国旋转发射公司研制的"轨道加速器"初步验证离心加速发射技术可行性，未来有望在小卫星快速响应发射、动能武器应用等方面发挥重要作用，如图 4 所示。

（三）先进航天动力技术取得新进展

美国政府和军方大力推动空间核动力技术研发，将为美军航天器地月空间快速机动、轨道转移运输等提供支持。目前，美国国防高级研究计划局（DARPA）"用于地月空间敏捷响应的验证火箭"项目开始研制空间核热动力系统和演示验证航天器（图 5），国家航空航天局启动核热推进系统反应堆设计和研制工作，国防部向工业界征询空间核电推进系统方案。此外，英国"佩刀"发动机成功试验全尺寸热交换器和氢气预燃烧器，突破了发动机核心部件关键技术，达到预期性能要求。这标志着复合预冷吸气式火箭发动机技术向样机集成和地面试验阶段迈出关键一步，这将为两级和单级入轨升力式重复使用运载器提供理想动力系统。

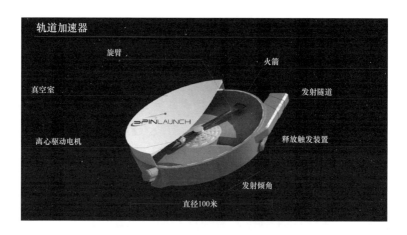

图 4　"轨道加速器"系统构成图

图 5　DARPA 核热动力系统飞行器概念图

三、利用太空技术持续改进，提升太空系统运行能力

2021 年，主要国家在积极推进传统骨干天基系统持续更新换代的同时，

大力发展卫星激光通信、低轨卫星导航、高超声速导弹预警探测等新技术，以应对太空威胁。此外，美国实质推进太空体系架构转型，开展多项在轨技术验证。

（一）低轨卫星互联网开始应用，卫星激光通信等技术开展验证

低轨卫星互联网进入应用阶段并将融合物联网技术。美国 SpaceX 公司截至 2021 年底已完成约 1800 颗"星链"卫星部署，可覆盖除南北极以外全球大部分地区，在 20 余个国家或地区开始试运营；在美军撤离阿富汗行动中提供了通信服务，并在美军第 4 次"入口"演习中融入"先进作战管理系统"，构建了安全、多层的移动敏捷通信网络，实现了不同安全等级的数据互传。此外，SpaceX 公司 7 月全资收购卫星物联网通信蜂群技术公司，未来将利用太空物联网对"星链"业务进行互补和扩展，形成"太空互联网 + 太空物联网"的全球网络。

美日卫星激光通信技术进入在轨验证阶段。美国太空发展局发射 2 颗"曼德拉"－2 卫星和 2 颗"激光互联和组网通信系统"卫星，验证星间以及卫星与 MQ－9 无人机之间的激光通信技术，传输距离约 2400～5000 千米，通信速率 5 吉比特/秒。日本"光学数据中继卫星"－1 与地面站成功开展星地激光数据传输试验，为后续与陆地监视卫星开展星间激光通信奠定基础。此外，DARPA 启动"天基自适应通信节点"计划，将研发一种模块化、可重构、支持多协议的激光通信有效载荷，通信速率达 100 吉比特/秒，可安装在各类军商卫星上，实现不同星座间互联互通，支撑美军实现联合全域指挥控制，如图 6 所示。

卫星通信和 5G 网络融合技术成功验证。欧洲为向偏远地区提供高速 5G 网络，不断推动卫星通信与 5G 网络融合技术发展，希腊卫星公司 7 月成功完成卫星与 5G 网络连接的技术验证。此外，美国洛克希德·马丁公司和士德科技公司合作开发的 5G. MIL 测试平台于 7 月具备初始能力，未来将验证该平台与各类 5G 设施的互操作性，并模拟可靠、安全的通信，支持国防领域关键任务战术通信需求。

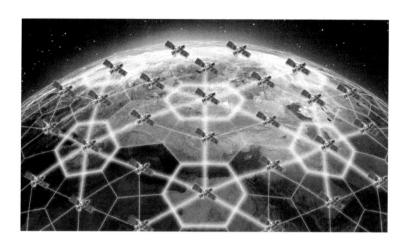

图 6　"天基自适应通信节点"概念图

（二）新型导航卫星技术不断发展，低轨卫星导航技术成为重点

美国为构建弹性更强的定位导航与授时（PNT）体系，持续开展新型导航卫星技术研发。一方面，重点推动美军新一代"导航技术卫星" – 3（NTS – 3）进入地面集成和测试阶段，该卫星采用全数字化导航载荷，支持导航信号在轨重新编程，将验证高轨导航卫星对当前中轨导航星座的补充能力（图 7）。另一方面，探索低轨卫星导航技术，美国陆军 6 月启动研发可搭载在低地球轨道商业卫星星座的导航载荷，可广播授时和定位信号等数据，提供导航、制导与控制等辅助功能；美国俄亥俄州立大学成功利用 SpaceX 公司"星链"卫星开展导航试验，通过 6 颗卫星的信号进行三角测量，对地导航精度达到 7.7 米。此外，导航星钟技术取得突破，NASA 成功验证星载汞离子钟技术，其天稳定度达 10^{-15} 量级，优于现役星载原子钟

1 个数量级，创下新的世界纪录。

图 7　NTS – 3 卫星概念图

其他国家加紧开展新型导航卫星技术研发。欧洲成功开展导航星座数据认证技术验证，针对"伽利略"系统开展"开放式服务导航消息认证"测试，可确保导航数据不被伪造，提高系统服务安全性；启动研制第二代"伽利略"卫星，将应用数字可配置天线、星间链路、新型原子钟等技术，首星将于 2024 年底前发射；还设立了"伽利略欧盟防御"军用 PNT 终端研发项目，将为欧盟成员国提供高抗干扰、抗欺骗能力的设备。此外，英国和印度也着力推动自主导航系统建设，前者启动"天基 PNT 计划"关键技术研发，后者发布卫星导航政策草案，加速关键技术研发。

（三）侦察预警卫星技术以战术侦察及高超声速导弹预警探测技术为重点稳步推进

美军大力推动战术侦察卫星技术发展。美国太空军与空军合作开展"地面动目标指示"项目，将基于小卫星、网状星座、人工智能图像即时处理等关键技术，研发部署小型雷达卫星跟踪地面移动目标，可在数秒内将卫星数据传输到战场指挥所，未来将与空军机载"联合监视目标攻击雷达系统"协同工作，逐步替代空军现役"联合星"对地监视飞机。美国陆军联合芬兰冰眼公司开展雷达卫星图像处理和分发技术研究，推动天基 SAR

数据融入战术侦察应用；6 月美国陆军部署 2 颗"枪烟"－J 卫星，与在轨的 1 颗"枪烟"－J 卫星组成 3 星侦察监视星座，演练轨道预置、应急发射等多手段快速重构受损侦察卫星星座的可行性。

美日推进高超声速导弹预警探测技术研发。美军完成"高超声速与弹道导弹跟踪天基传感器"原型关键设计评审，计划 2023 年开展在轨验证，以构建低轨中视场传感器导弹预警星座，并与"下一代过顶持续红外"等卫星及地基雷达协同，形成对高超声速导弹探测识别、预警、全程跟踪并提供目标指示等能力。日本一方面提出参与美国"高超声速与弹道导弹跟踪天基传感器"项目，另一方面也开始论证本国低轨小卫星星座计划，以发展高超声速导弹探测跟踪能力，初步规划研发 3 颗卫星进行技术验证。

（四）新型太空体系关键技术开始在轨验证

美国实质推动新型太空体系关键技术在轨演示。2021 年，美军发射 4 颗卫星和 2 个载荷，除验证星间、卫星与无人机之间的激光通信技术外，还利用"红外有效载荷原型"载荷，在低地球轨道收集地球背景下的红外特征数据，为发展低轨卫星的导弹识别技术奠定基础；利用"轨道试验平台原型"载荷，以"赌台官"星载自主控制系统为基础，结合数据融合处理器、软件等，验证星上自主控制技术。此外，美国太空发展局计划在商业遥感卫星上安装激光通信终端，从而接入下一代太空体系架构"传输层"，使商业卫星图像数据直接通过"传输层"的 Link－16 数据链发送给士兵，目标是将杀伤链闭合时间由 20 分钟缩短至 20 秒，如图 8 所示。

美国国防部着力推动军商卫星融合，打造"混合太空架构"，增强天基装备弹性。美国国防部国防创新小组发布"混合太空架构"关键技术研发征询书，面向商业遥感、通信、导航、综合服务等卫星制造商，以及软件定义网络研发公司，开发验证多路径通信、可变信任协议、多源数据融合、基于云的分析等 4 项关键技术。"混合太空架构"采用可变信任网络框架，利用不断增加的军商盟、大小型、不同轨、不同层卫星，形成弹性、混合、可动态升级的新型太空体系架构，实现系统间与军种间快速、安全的数据交换，为美军多域作战行动提供有效支撑。

图 8　美国"下一代太空体系架构"跟踪层卫星概念图

四、控制太空技术创新发展，强化太空对抗能力

2021 年，主要国家加大新型太空态势感知技术研发，开展太空攻防及在轨操作技术试验。

（一）多国布局研发新型太空监视装备与技术，提升太空态势感知能力

美国推进高轨高分辨率目标监视雷达技术研发。太空军启动"深空先进雷达"原型概念研发，计划在美、英、澳各部署 1 座雷达站，每个雷达站点将部署 10～15 部口径 15 米的大型雷达天线，对地球同步轨道目标的探测精度为 0.7 米。该雷达是美军首个地基高轨目标监视雷达，将形成针对地球同步轨道及地月空间目标的全天候、全天时监测能力，预计 2027 年正式部署应用。此外，美国加大利用商业服务提升太空态势感知能力的力度，太空司令部与自由太空基金会签署商业太空态势感知数据共享协议，以简化太空司令部在太空联合作战中收集重要信息的流程。

俄罗斯建造重点监测近地轨道目标的地基太空望远镜，可准确预测威胁本国卫星的太空碎片，并能获得在轨卫星的详细图像，计划 2022 年投入使用；启动研制新型毫米波近地轨道太空态势感知雷达，可对 2000 千米范围内的运载火箭发射到卫星入轨过程进行跟踪。此外，欧盟启动"太空态势先进应用与侦察传感器""太空全球识别与告警创新与互操作技术"2 个项目，推动构建欧洲太空监视网；加拿大公司提出太空域感知低轨卫星星座建设计划，可跨轨道跟踪在轨卫星。

（二）美俄太空攻防技术进行演示验证，以提高实战能力

美军继续提升软硬杀伤技术手段水平，增强天地一体的太空攻防能力。太空军首个长寿命载荷部署平台"雄鸡"（又名 LDPE-1）成功发射，将在地球同步轨道附近长期隐蔽部署，演练轨道战概念和技术战术规程。该平台采用直径 1.89 米的环状构型，重约 800 千克，具备 6 个通用载荷接口，可搭载或释放多个载荷；在地球同步轨道附近快速机动变轨，具备实施抵近侦察、电子干扰、信号侦收等太空对抗任务的潜力。此外，NASA 发射探测器将验证以动能撞击技术为基础的小行星防御技术，为未来太空防御提供新的技术手段。俄罗斯成功开展反卫试验（图 9），利用直升式反卫导弹击毁轨道高度 485 千米的俄退役侦察卫星"宇宙"-1408。此次试验将推动俄罗斯完善反卫装备和技术体系，进一步增强空天防御能力和威慑力，丰富俄对敌战略制衡手段。

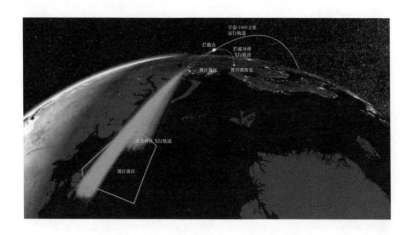

图 9　俄罗斯反卫任务示意图

（三）在轨操作技术不断创新，部分技术开展在轨验证

美、日、德、英、乌克兰等国研发多种新型在轨操作技术，颇具军事应用潜力。轨道碎片清除方面，日本"宇宙尺度寿终服务－验证"项目成功实现世界首次太空碎片磁力清除技术在轨验证（图 10）；德国 Exo-launch 公司提出研发轨道转移和太空碎片清除兼用型航天器"依赖"，既可部署卫星，还可在离轨时收集太空碎片；英国积极开展太空碎片清除技术概念设计研究。在轨维护技术方面，美国太空物流公司将开发一种装有机械臂的新型维修机器人，为寿命末期的卫星安装小型推进装置，以延长卫星寿命，首个机器人预计 2024 年发射；乌克兰库尔斯轨道公司计划开发一种基于机器视觉、雷达和机器人等技术的在轨对接模块，可与非合作目标自动对接，重点为地球同步轨道商业卫星服务，预计 2023 年开展低轨交会对接验证。

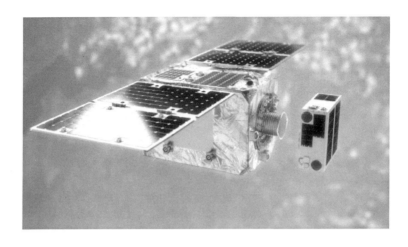

图 10　日本太空碎片磁力捕获示意图

五、结束语

2021 年，国外主要国家针对维护国家太空利益、保护太空资产安全、提升太空作战能力等核心目标，持续推动进入太空技术、利用太空技术和控制太空技术的发展，不断改进和创新技术方案，提高太空装备与技术的性能水平，探索新质作战能力。

（中国航天系统科学与工程研究院　刘博）

2021 年航天运载技术发展综述

2021 年，全球共进行了 144 次航天发射（未计入亚轨道发射），国外航天发射 91 次，失败 9 次，成功率 90.1%。其中，美国 51 次（失败 3 次），俄罗斯 24 次（失败 2 次），欧洲 7 次，日本 3 次，印度 2 次，韩国 1 次（失败），伊朗 1 次（均失败）。主要航天国家继续大力推进新型火箭技术研发、攻关重复使用运载器技术难题，但"电子"号、"安加拉"－A5、"地球同步卫星运载火箭"MK－2、"阿尔法""火箭号 3.3"等多个新老型号相继出现发射事故，暴露可靠性问题。

一、重型运载火箭加快开展全箭试验，瞄准 2022 年首飞目标

美国重型火箭研制虽遭遇延期，但仍持续推进，有望 2022 年首飞；俄罗斯重型火箭项目搁浅，未来载人登月计划陷入僵局。

美国重型运载火箭持续开展多项技术试验，为 2022 年实现首飞做准备。美国国家航空航天局（NASA）"航天发射系统"重型运载火箭首飞火箭芯一级成功通过"初试"系列试验，并完成了与固体助推器、上面级、"猎户

座"飞船模拟件等主要部件总装集成工作，进入全箭模态试验阶段。

俄罗斯重型运载火箭项目搁浅。"叶尼塞"重型运载火箭因接连遭遇经费与技术难题，导致该项目在 9 月被终止，仅完成了初始设计，未进入正式研制实施阶段。这可能会对俄罗斯未来的载人登月计划造成影响。

二、新一代大中型火箭研制接近尾声，拓展未来任务适应能力

美、欧、日主力大中型火箭研制接近尾声，瞄准 2022 年首飞开展最后的试验验证工作；多型火箭布局提升上面级多星搭载部署能力，大幅提升一箭多星任务能力。

主力大中型火箭研制取得里程碑进展。美军下一代主力型号"火神"系列火箭完成芯一级和固体助推器研制工作，前者已开展发射流程演练、推进剂加注试验，后者开展了多次地面点火试验；火箭芯一级 BE－4 主发动机涡轮泵因存在技术问题，交付时间延期，导致火箭首飞时间推迟至 2022 年。俄罗斯新型"联盟"－5 中型火箭已完成初步方案设计，进入评审阶段，其箭体结构计划采用新型轻质强化铝钪合金，将大幅降低火箭干重，提高运载能力，计划 2023 年首飞。日本 H－3 火箭完成总装，转运至发射台演练了发射流程，同时继续开展芯一级 LE－9 主发动机的性能认证工作，以彻底解决涡轮泵和燃烧室疲劳断裂技术问题，有望 2022 年第一季度首飞。

布局发展一箭多星发射技术提高多任务适应能力。随着微小卫星发射市场需求不断升温，大型火箭也相继采取多种技术途径提高多星搭载能力。美国 SpaceX 公司基于"改进型一次性运载火箭次级有效载荷分配器"（ESPA）接口标准研制了 2 种多星搭载分配环，大幅提高载荷搭载能力，充分发挥

"猎鹰"－9 火箭运力，于 1 月成功开展一箭 143 星发射任务，刷新世界一箭多星发射纪录，开启了多星拼单发射新模式。欧洲航天局启动用于"阿里安"－6 火箭的"阿斯特利斯"（ASTRIS）变轨级研发计划，将提高火箭多星多轨部署能力，以开展微小卫星拼单发射任务。该变轨级安装在上面级之上，采用推力 2.5 千牛的"贝尔塔"（BERTA）发动机，推进剂可长期储存，具备多次点火能力，将于 2024 年应用并执行"赫拉"小行星防御发射任务。

三、小型火箭装备技术快速发展，进一步提高快速响应发射能力

小型火箭以快速、机动、灵活、低成本为发展目标，采用多种技术在缩短生产制造时间、降低对发射场的依赖程度、提高火箭发射初速等方面，取得显著进展。

空射小型火箭演示验证快速机动部署能力。美国维珍轨道公司"运载器一号"液体空射火箭于 1 月成功试飞，将有效载荷送入轨道，该火箭近地轨道运载能力为 500 千克、太阳同步轨道运载能力为 300 千克，火箭二级具备多次点火能力，可将多个载荷送入不同轨道，并且其发射支持设施可模块化运输到全球多国的 6 个合作机场，实现多地机动发射。美国太空军利用"飞马座"－XL 固体空射火箭在 21 天的发射准备周期内成功发射"战术响应发射"－2（TacRL－2）卫星，验证快速响应战术卫星发射技术。

新型陆基小型火箭显著提升快速响应发射能力。美国萤火虫航天公司、阿斯特拉公司相继试射"阿尔法""火箭号 3.3"火箭，相对论太空公司"地球人"－1 火箭完成主要部件制造。此类小型火箭一方面采用 3D 打印

技术制造大部分火箭部件，大幅提高制造效率、降低制造成本，如相对论太空公司可在 60 天内完成火箭制造和总装工作；另一方面大幅提高机动部署能力，通过集装箱转运发射支持设施，利用简易发射台实施发射，降低对固定发射场的依赖。美军已通过"快速敏捷发射倡议""轨道项目服务"－4 等计划加速上述型号技术成熟，意图形成低成本、高频次的机动灵活发射能力。

新型航天发射概念开展可行性验证。为降低发射成本、提高发射频次，国外积极探索新型发射概念。以美国旋转发射公司为代表，其提出了离心加速抛射火箭技术方案，研制的"动能发射系统"首次进行概念缩比样机发射试验，利用离心力将模拟载荷加速抛射到高空，初步验证其离心加速发射技术可行性。"动能发射系统"是在圆形真空离心室中对小型火箭进行离心旋转加速，达到一定速度后抛射火箭，火箭滑翔一段时间后点燃发动机，最终入轨，最高可将 100 千克重的载荷发射到近地轨道，未来有望在小卫星快速响应发射、动能武器等方面发挥重要作用。

四、重复使用运载器技术成熟度日益提高，由部分复用向完全复用发展

国外重复使用运载器技术研究热度不断升温，逐步拓展应用并提出新的技术方案。

重复使用火箭技术成熟度日益提高，开始探索新的应用、提出新的技术方案。SpaceX 公司"猎鹰"－9 火箭一子级实现重复使用 10 次，复用的火箭成功执行载人"龙"飞船任务、部署 GPS－3 卫星，使美军民商航天发射领域各类任务迈入复用火箭时代；"超重－星船"重复使用运载器完成多

次低空、高空起降飞行试验，获得美国空军研究实验室"先锋"火箭货运计划授出的技术验证合同，研发以重复使用运载器为基础的全球投送技术。蓝源公司提出"新格伦"上面级重复使用技术研发，将建造完全重复使用火箭，参与"先锋"火箭货运计划。火箭实验室公司提出"中子"号大型重复使用运载火箭技术方案，该火箭采用开合式整流罩，释放二子级和载荷后，可再次闭合与一子级一起再入返回地球实现重复使用；可利用简易发射设施实现快速发射，采用垂直起降技术途径实现重复使用，最快响应周期为 24 小时。相对论太空公司"地球人"－R 两级完全重复使用火箭技术方案的总体设计与 SpaceX 公司"超重－星船"类似，整流罩与二子级采用一体化设计、开合式结构。

此外，俄罗斯、欧洲、日本、印度、韩国也在积极推进各自重复使用火箭技术研发，大部分采用垂直起降重复使用技术方案，其中俄罗斯、欧洲、日本已完成总体技术方案设计，开展了验证机技术试验；印度和韩国仍处于方案设计阶段。

五、先进航天动力技术加紧突破，促进发展新质航天运输能力

为进一步提高航天运载器任务适应性，拓展其轨道转移、轨道机动、航班化天地往返等任务能力，国外重点聚焦新型上面级动力系统、组合循环发动机及空间核动力技术研发，积极储备满足未来太空作战需求的装备技术。

促进新型动力系统研发支撑太空机动与后勤能力建设。美国太空军在其《太空力量》顶层文件中已提出发展"太空机动与后勤能力"，来支撑未来太空作战装备和人员开展"在太空、从太空、经由太空"的太空作战任

务，并在2021财年预算中新增了"下一代火箭发动机试验""上面级弹性增强"2个项目，力求推动能力建设。9月，太空军向SpaceX、蓝源、火箭实验室、联合发射联盟等公司授出研发合同，促进"猛禽"液氧/甲烷发动机、"新格伦"上面级低温流体管理、"火神"上面级等装备技术研发，支撑未来地月空间、月球轨道以远的轨道转移、在轨维护等任务。

先进组合循环发动机完成关键子系统全部试验。组合循环发动机是两级入轨和单级入轨升力式重复使用运载器的理想动力系统，是开展航班化航天发射的关键技术途径之一，其中火箭－涡轮－冲压三组合循环发动机是近年来的研究热点。英国反应发动机公司在成功验证"佩刀"复合预冷组合循环发动机预冷却器的基础上，又完成了全尺寸热交换器和氢气预燃烧器的试验验证工作，标志着其3大核心部件均达到预期性能要求，向样机集成和地面试验迈出一大步。

新型空间核动力系统进入方案设计阶段。美国政府和军方大力推进空间核动力技术研发，以提升其航天器快速机动变轨、轨道转移运输及地球轨道以远运行等能力。2021年，核热推进系统技术方面，DARPA进一步提升"敏捷地月空间作战演示验证火箭"核热推进系统项目经费，2022财年预算达到3700万美元，并于4月向通用原子、洛克希德·马丁和蓝源3家公司授出合同，前者负责反应堆和核热动力系统概念初步设计，后两者负责概念验证航天器的方案设计，目标是2025年在轨试验核动力推进系统；NASA授予美国BWX技术公司940万美元研制合同，重点开展针对核热推进系统的核燃料方案设计、制造和工程应用研究。核电推进系统技术方面，国防部"国防创新小组"（DIU）发布"用于地球轨道以远太空任务的小型核动力发动机"招标书，寻求可用于中小型航天器的核电推进系统方案，计划3～5年内完成样机开发和制造。

六、结束语

从国外主要国家新型火箭研发及现役火箭升级改进思路上看，重型、大中型以及小型火箭均开始转向重复使用技术研发，不断演示验证多种回收复用技术，未来5年有望应用多个型号。可以预见，届时重复使用火箭将成为航天运载装备体系的重要组成部分，不仅降低航天发射成本，还将大幅提升轨道运输和机动能力，更加灵活、高效地支撑军民商航天发射任务。

（中国航天系统科学与工程研究院　刘博）

2021 年军用通信卫星技术发展综述

2021 年，国外仅法国发射了 1 颗军事通信卫星，但卫星通信技术快速发展。"星链"等低轨卫星互联网、软件定义等技术已开启实际应用，卫星激光通信技术的应用规模不断扩大。此外，国外还在探索卫星互联网和卫星物联网融合、卫星通信与 5G 融合等未来发展方向。2021 年，国外军用通信卫星发射情况如表 1 所列。

表 1 2021 年国外军用通信卫星发射情况

序号	卫星名称	所属国家	发射日期	轨道类型	轨道参数
1	"锡拉库斯"－4	法国	2021 年 10 月	地球同步轨道	35786 千米

截至 2021 年 12 月 31 日，国外共 6 个国家或地区拥有 113 颗军用通信卫星，其中，美国 44 颗、俄罗斯 46 颗、欧洲 17 颗、印度 3 颗、日本 2 颗、韩国 1 颗，如图 1 所示。

一、军用通信卫星系统

2021 年，国外军用通信卫星系统发展进入平稳过渡期，虽然仅发射了 1

颗军用通信卫星，系统建设脚步放缓，但却正在孕育变革，将为未来系统建设奠定基础。

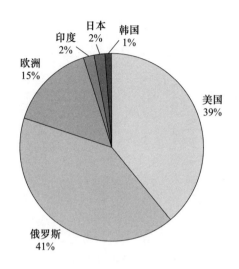

图 1　截至 2021 年 12 月 31 日各国在轨军用通信卫星数量占比

（一）美国太空军统管卫星通信资源工作产生实质性进展

2021 年，美军践行《太空军卫星通信愿景》提出的建设适应作战、一体化、弹性的卫星通信体系，开始统筹军商卫星通信资源，加速军事卫星通信能力变革。

兵力建设方面，陆军和海军开始向太空军移交卫星通信人员、资产和任务职责。其中，陆军向太空军移交了 5 个宽带卫星通信运控中心和 4 个区域卫星通信支持中心，共计价值 7800 万美元，以及相关人员；海军向太空军移交"特高频后继""移动用户目标系统"等 13 颗窄带通信卫星，以及76 名人员。

宽带卫星通信方面，一是计划采购商业低轨卫星星座宽带服务。原太空军商业卫星通信办公室 3 月发布信息征询要求，从用户终端到网关的通信时延不超过 50 毫秒，或与卫星之间的通信时延不超过 15 毫秒，且要求商业低轨卫星星座已处于可用或即将提供服务的状态。二是着手解决商业和军事卫星网络兼容性问题。美国空军研究实验室 3 月授予美国卫讯公司一份为期 7 年、价值 5080 万美元的合同，希望解决美国商业和军事卫星网络之间难以兼容的问题。该公司将汲取此前为美国国防部研制可与宽带全球卫星和商业通信卫星系统兼容的用户终端的经验，保持现有终端的后向兼容或研制新终端；还将着眼未来体系架构，提出保护数据传输不受网络攻击或其他干扰的方法。

窄带卫星通信方面，美国政府问责署建议尽早启动窄带卫星通信备选方案分析。该机构 9 月发布《卫星通信——国防部应探索满足用户需求的窄带卫星通信备选方案》报告，建议国防部在 2022 财年尽早启动窄带卫星通信能力备选方案分析进程，让部分利益相关方参与，并探索和实施短期备选方案，提供窄带卫星通信能力。国防部已为该项工作拨款 1200 万美元，希望太空军在 2022 财年推进窄带卫星通信备选方案分析工作。

受保护卫星通信方面，太空军推动受保护战术卫星通信载荷研制工作。美国太空军 4 月授予诺斯罗普·格鲁曼公司和波音公司"受保护战术卫星通信"（PTS）有效载荷研制合同。该载荷计划搭载在一颗 2024 年发射的商业或军事卫星上，开展 3～5 年的在轨技术验证。"受保护战术卫星通信"项目是美军新建的受保护战术卫星通信系统，于 2020 年启动，已完成主要设计审查工作。未来，"受保护战术卫星通信"系统的空间段将包括"受保护战术服务"空间段、"宽带全球卫星通信"和商业通信卫星，地面段将是集成"受保护战术服务"地面段的"受保护战术一体化服务"系统，主要向处在良好及对抗环境中的战术作战人员提供全球范围的超视距、抗干扰及低截获率/低检测率的战术通信服务。

（二）法国发射首颗"锡拉库斯"－4 军事通信卫星

法国 10 月成功发射"锡拉库斯"－4A 军事通信卫星。"锡拉库斯"－4 是法国建设的新一代军事通信卫星系统，共包括 3 颗卫星，第一颗"锡拉库斯"－4A 卫星将于 2022 年投入使用，第二颗"锡拉库斯"－4B 卫星计划 2022 年发射入轨，第三颗发射日期尚未公开。该卫星工作于 X 和 Ka 频段，数据传输速率达 1.5 吉比特/秒，是"锡拉库斯"－3A 卫星的 3 倍，并与现役系统兼容，可为法国作战人员提供更大的通信容量和更广泛的覆盖范围。法国"锡拉库斯"军事卫星通信项目旨在为法国本土和部署在不同战区的军队之间提供军事通信，以满足法国对远程、安全通信的需求。

二、卫星通信技术

2021 年，低轨卫星互联网发展势头依旧强劲，除"星链""一网"外，不乏新发展计划入局。软件定义技术已发展成熟，开启天基应用。国外正在开展的星间激光通信技术在轨验证将为未来低轨卫星星座大规模应用奠定基础。同时，卫星通信技术与 5G 融合将成为未来发展方向之一。

（一）低轨卫星互联网开始为用户提供服务

低轨卫星互联网进入应用阶段。美国太空探索技术公司"星链"星座一骑绝尘，完成第一阶段高度 550 千米、倾角 53°的 1584 颗卫星建设部署，率先开始运营；从 2021 年 11 月开始部署第二阶段卫星。已发射的第二阶段"星链"卫星运行在高度 540 千米、倾角 53.2°的低地球轨道，全部搭载星间激光通信载荷。同时，"星链"星座已经为部分美军提供了服务。例如，美军从阿富汗撤离期间，利用了 15 台"星链"星座的用户终端，与国土安全部和国务院等机构指挥人员进行通信；美军还在 2021 年 2 月第四次"入口"（On－Ramp）演习中，将"星链"星座的能力融入"先进作战管理系统"（ABMS），在边缘计算环境下，结合"管理与控制体系""通信环境多频谱评估""统一数据库"等系统和设备，构建了安全、多层的移动敏捷通信网络，实现了不同安全等级的数据互传。

向用户展示了星座性能或卫星情况。一网公司和国际通信卫星公司于4月为美国陆军和国防部演示了"自动主要/备用/应急/紧急"（APACE）多轨卫星通信解决方案，在"国际通信卫星"－37卫星和1颗"一网"卫星上建立了2条卫星链路，通过应用终端进行通信，演示双向语音、数据、视频下载等功能。亚马逊公司10月展示了"柯伊伯"星座的首颗在研卫星和用户终端天线，卫星可能采用氪工质的霍尔推进系统。未来该公司将进行卫星的基础研制工作，但选用哪家卫星制造商大批量制造尚未公布。

仍有运营商提出建设低轨卫星互联网的计划。韩国韩华集团和国际移动卫星公司分别提出发展计划。韩国韩华集团提出建设2000颗卫星的低轨卫星互联网，将于2030年前建成，目标是到2030年实现年销售额5万亿韩元（约290亿元人民币）。该公司将依靠外国运载火箭将其卫星送入轨道，但卫星、天线和支持系统将由韩国研发。国际移动卫星公司提出建设"交响乐团"计划，将于2025—2030年建造和发射近200颗卫星。

未来将融合低轨卫星物联网。美国太空探索技术公司7月全资收购蜂群技术公司。蜂群技术公司旨在降低卫星物联网通信的成本，目前已有120颗小卫星在低地球轨道运行，可面向物联网设备提供低成本双向全球卫星通信，其业务可作为太空探索技术公司业务的互补和扩展，与"星链"星座遥相呼应形成"太空互联网＋太空物联网"的全球网络。

（二）软件卫星定义技术进入在轨应用阶段

欧洲"量子"卫星于7月发射、11月开始正式运行。该卫星由欧洲航天局（ESA）联合欧洲通信卫星公司、空客防务与航天公司在 2015 年提出研制，质量 3.5 吨，功率为 7 千瓦，通信容量为 6~7 吉比特/秒，首星研制成本为 1.98 亿美元。卫星具备在轨重新编程的能力，搭载有源阵列天线系统，可根据飞机或船舶的航线通信需求改变覆盖区域形状；下行链路天线采用反射面天线，由 1 个扁平反射器和两组分置的有源相控阵馈源组成，形成 8 个独立的赋形波束或点波束，且波束覆盖区域形状和大小可灵活调整；采用了灵活滤波器，其转发器中心频率可在 10.7~12.75 吉赫范围内调节，带宽调整范围为 54~250 兆赫，具备在整个 Ku 频段内使用任意一段频谱的能力。

（三）星间激光通信技术验证低轨应用能力

美国太空发展局 2021 年发射 4 颗"下一代太空体系架构"的关键技术试验卫星，包括 2 颗"曼德拉"–2 卫星和 2 颗"激光互联和组网通信系统"卫星，用于主要验证星间及卫星与 MQ–9 无人机之间的激光通信技术，传输距离约 2400~5000 千米，通信速率 5 吉比特/秒。其中，"曼德拉"–2 卫星是美国国防高级研究计划局、空军研究实验室在"黑杰克"项目下发射的首批试验卫星，由 Astro Digital 公司研制，搭载 SA Photonics 公司研制的光学星间链路载荷。"激光互联和组网通信系统"卫星由通用原子公司研制，为 12U 结构的立方星，激光波长 1550 纳米。在轨试验中，太空发展局和通用原子公司将测量数据速率、误码率和捕获时间，以及每颗卫星指向、捕获和跟踪对方以建立和保持链接的能力。此外，美国太空探索技术公司已经开始部署的第二阶段卫星，均搭载星间激光通信载荷。因此，星间激光通信技术发展相对成熟，即将进入大规模应用阶段。

同时，美军还在规范星间激光通信技术的发展。一方面，太空发展局 4 月征询了传输层 1 批"光通信终端"的设计和开发标准，要求每个载荷至少能同时建立并维持 3 条光学链路（目标为 5 个或更多）、轨道面内相互连接、跨轨道面相互连接；在距离 1000～7500 千米的范围内，数据传输速率至少 1 吉比特/秒（目标至少 10 吉比特/秒）；斜距 3000 千米内的机载和地面光学终端，数据传输速率至少为 1 吉比特/秒（目标至少 10 吉比特/秒）；能以 100% 的占空比连续运行所有链路，仅有限条件例外，如相对几何形状和速度造成的链接障碍；平台偏移校准后捕获时间不超过 100 秒（目标为不超过 10 秒）。另一方面，美国国防高级研究计划局 2021 年 9 月公布"天基自适应通信节点"（Space – BACN）的招标计划，旨在研制一种低成本、可重构的光通信终端，以适应大多数星间激光链路标准，连接不同卫星，以形成弹性的太空网；要求支持大多数光学标准的 100 吉比特/秒传输速率，功率只有 100 瓦甚至更低，从而降低能耗的通信功率；制造成本低于 10 万美元，以降低天基自适应通信节点计划的总成本。

（四）卫星通信技术和 5G 网络融合开始验证

Hellas Sat 公司 7 月通过 Hellas Sat – 3 卫星成功验证向偏远地区提供 5G 网络的能力。该卫星由泰勒斯·阿莱尼亚宇航公司研制，采用"空间客车" – 4000 C4 平台。此次验证中，卫星利用泰勒斯·阿莱尼亚航天公司和 ST 工程公司的 iDirect 卫星主站、调制解调器设备，以及沃达丰公司的 5G 许可频谱，实现了与 5G 网络的连接。沃达丰希腊公司提供了 2100 兆赫和 3600 兆赫频段的 5G 频谱，可支持其在希腊推出 5G 网络，以千兆位速度和更低延迟为公民和企业带来服务。此外，KT – SAT 公司研发的全球首款星地混合 5G 传输路由器也在这次验证中进行了展示。展示期间，5G 终端被连接到路由器，能同时发送和接收各类数据，或者利用独立的路由，连接 5G 网络和卫星。即使 5G 网络被故意断开，终端仍可与卫星保持连接。

此外，洛克希德·马丁公司和士德科技公司合作开发的军用 5G 测试平台 7 月具备初始能力，将帮助研发团队快速验证其与各类 5G 资产的互操作性及相关性能，并模拟可靠、安全的通信。该平台旨在改进商用5G技术，以满足国防部运营的地面和非地面网络的战术通信需求，支持航空航天与国防领域关键任务通信。

三、结束语

当前，通信卫星技术领域不断涌现新的发展点。尤其是低轨卫星互联网正在融合物联网、星间激光通信等新技术，使卫星通信领域进一步向网络化方向发展。美国和欧洲仍在牵引该领域技术发展前沿，以支撑其形成体系化作战能力。

（中国航天系统科学与工程研究院　梁晓莉）

2021 年导航定位卫星技术发展综述

2021 年，国外主要导航定位卫星系统部署与研制工作进一步推进。美国在部署与研制方面均取得实质性进展，俄罗斯新导航卫星蓄势待发，欧洲启动第二代系统研制，日本部署新型导航卫星替代旧星，英国天基定位导航授时计划进入研制阶段。美国原子钟在轨导航试验取得重要进展，印度制定政策加速构建全球导航能力。截至 2021 年末，国外导航定位卫星当年发射和在轨情况如表 1、图 1 所示。

表 1　国外导航定位卫星系统发展情况

导航系统	全球定位系统	"格洛纳斯"	"伽利略"	"准天顶"卫星系统	印度区域导航卫星系统
国家/地区	美国	俄罗斯	欧盟	日本	印度
服务类型	全球	全球	全球	区域	区域
发展状态	正常运行	正常运行	建设中正常运行	建设中部分运行	正常运行
在轨数量	31	28	26	5	7

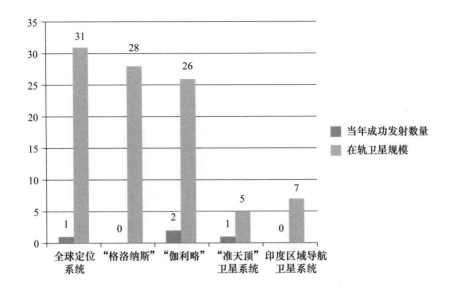

图1　2021年导航卫星发射活动与在轨规模（截至2021年12月31日）

一、导航定位卫星系统持续建设

2021年，国外导航卫星系统不断完善，美国成功发射第5颗GPS-3导航卫星，后续卫星也进入可发射状态；俄罗斯进入新一代导航卫星部署阶段，进一步提高导航定位精度；欧洲第二代"伽利略"卫星研制合同授出并启动未来发射计划；日本发射新一代导航卫星替代旧星；各国探索新一代天基导航能力并付诸具体行动，提升导航卫星系统性能，面向未来应用。

（一）美国下一代GPS持续研制部署

2021年，美国太空军继续部署GPS。6月，美国太空军使用"猎鹰"-9火箭成功发射第5颗GPS-3卫星，并于次日完成在轨验证交付。8月，美国太空军太空系统司令部宣布，第6颗、第7颗、第8颗GPS-3卫星在美国科罗拉多州沃特顿的洛克希德·马丁公司工厂研制完毕并进入待命发射状态，其中第 6 颗 GPS-3 卫星将于 2022 年发射。

7 月，诺斯罗普·格鲁曼公司向美国空军研究实验室交付了"导航技术卫星"-3（NTS-3）卫星的 ESPAStar-D 平台，并启动地面集成测试工作。L3 哈里斯公司作为 NTS-3 卫星的承包商，将集成卫星平台与载荷，并在发射前完成各项测试。除卫星平台交付之外，"全球导航卫星系统测试架构"（GNSSTA）接收机也完成交付，这是一种可重新编程的软件定义设备，既可以接收 GPS 信号，也可以接收 NTS-3 号发射的先进 PNT 信号。NTS-3 是美国新一代导航技术试验卫星，该卫星采用全数字化导航载荷，支持导航信号在轨重新编程，将验证高轨导航卫星对当前中轨导航星座的补充能力。

（二）俄罗斯新一代"格洛纳斯"卫星推迟发射

7 月，俄罗斯宣布原计划在年底发射的"格洛纳斯"-K2 卫星推迟到 2022 年发射，原因是在地面测试时发现星上部分设备需进一步维护。该卫星星上设备均已到位，正在进行整星组装及开展机械、热真空等测试。"格洛纳斯"-K2 卫星是俄罗斯正在部署的最新一代"格洛纳斯"系列卫星，导航精度小于 30 厘米。

（三）欧洲推动第二代"伽利略"卫星的研制工作

1 月，欧洲委员会授予泰勒斯·阿莱尼亚航天公司（意大利）和空客防务航天公司（德国）总价值为 14.7 亿欧元的合同，研制 12 颗第二代"伽利略"卫星，两家公司各研制 6 颗。同时，欧洲委员会启动了第二代"伽利略"卫星的发射计划，其目标是保持在全球竞争中的领先地位，保持其作为世界上性能最好的卫星定位基础设施之一，同时加强欧洲重要天基资产的自主性，实现未来欧洲安全和军事用途。第二代"伽利略"卫星具有数字可配置天线、星间链路、新原子钟技术、全电力推进系统等新技术，其首颗卫星将于 2024 年底前发射。

此外，欧洲航天局 12 月发射了 2 颗"伽利略"导航卫星，即"伽利略"-27、"伽利略"-28 卫星，进入高度 23616 千米、倾角 56°的轨道，进一步增加在轨卫星数量。

（四）多国推进导航卫星系统的研制和部署

英国向工业部门授予合同启动关键技术研发工作。5 月，英国航天局授予 6 家英国公司：空客（英国）公司、CGI 公司、Sirius 分析公司、GMV NSL 公司、国际海事卫星公司和 QinetiQ 公司，总计超过 200 万英镑的资金，为其"天基定位导航授时计划"（SBPP）设计系统及相关操作，开发导航信号和算法、系统弹性与可靠性，并进行成本建模，旨在使英国具有自主的定位导航授时能力，以保护英国重要的国家基础设施，促进经济增长。

日本发射新一代导航卫星替代旧星。10 月，日本成功发射"准天顶"-1R 卫星，卫星运行在地球同步轨道，轨道倾角为 45°，该卫星将替代 2010 年 9 月发射入轨的首颗"准天顶"卫星。目前，日本在轨导航卫星共计 5 颗，3 颗位于椭圆地位同步轨道，2 颗位于高轨。同时，日本正在开发另外 3 颗"准天顶"导航卫星，计划 2023 年底发射，最终建成 7 颗卫星组成的网络，为日本提供全面覆盖的导航服务。

印度加速构建全球导航能力。7 月，印度航天部发布了《印度卫星导航政策—2021 年》草案，该草案制定了有效发展、操作和维护卫星导航系统的政策。该政策声明，要实现卫星导航和增强服务的自主发展，重点是确保可用性和质量，改进服务并促进研发。同时，还强调航天部应努力将覆盖范围从区域扩大到全球，以确保印度在世界任何地方都能获得独立的导航信号，而不依赖其他导航定位系统；推进印度导航系统在全球广泛使用，确保印度导航和增强信号与其他导航系统可互操作。

二、导航卫星系统关键技术快速发展

2021 年，美国积极推进低轨导航卫星关键技术探索与发展，在有效载荷、用户接收机、网络安全等方面取得了重要进展，有望促进相关系统的应用推广。

（一）导航卫星关键技术取得重要突破

原子钟技术在轨试验天稳定度创世界纪录。6 月，美国国家航空航天局（NASA）公布"深空原子钟"项目在轨试验结果，表明星载汞离子钟频率天稳定度达 10^{-15} 量级，优于现役星载原子钟 1 个数量级，创下新的世界纪录。该钟是基于汞离子钟技术原理并经过小型化、适应太空环境要求等改进后的新型星载微波钟，采用真空管储存汞离子，离子不产生消耗，大幅提升了星钟寿命；采用粒子选择与探测分离的分区式线型阱方案，进一步降低了系统复杂度，减小了星钟的重量和体积。汞离子钟具有高精度、高可靠、长寿命等特点，有望成为下一代导航星钟技术的重要发展方向。

（二）低轨导航载荷研发试验项目启动

6 月，铱星公司获得美国陆军价值 3000 万美元的研发合同，旨在研发一种可搭载在低地球轨道商业卫星星座上的导航载荷，可广播授时和定位信号等数据，提供导航、制导与控制等辅助功能。该载荷将基于铱星公司"迸发"技术研发，利用铱星公司由 66 颗低轨卫星组成的卫星网络，可从太空中一次性向地面数百万台终端设备传输数据。通过该项目，可验证在任何低轨网络内提供定位和授时的方案，将有助于在战术层面提升作战人员全域作战能力，如在近距离作战中增强作战单元及武器装备的相关效能。

（三）"星链"星座导航应用实践取得新进展

9 月，美国俄亥俄州立大学成功利用 SpaceX 公司"星链"卫星开展导航试验，通过 6 颗卫星的信号进行三角测量，对地导航精度达到 7.7 米。在此过程中，研究人员没有借助 SpaceX 公司的工程技术人员，也没有接入该卫星提供的互联网数据。尽管"星链"卫星不是为导航而设计的，但如果此次试验成果能够获得进一步拓展，那么对未来成千上万颗在轨的"星链"卫星而言，应用潜力和价值非常可观。

（四）导航星座数据认证服务启动以确保安全性

11 月，欧洲成功开展导航星座数据认证技术验证，针对"伽利略"系统开展"开放式服务导航消息认证"（OSNMA）测试，旨在确保导航数据不被伪造，提高系统服务安全性。欧洲全球导航卫星系统服务中心负责生成 OSNMA 信息并将其传送到"伽利略"系统的地面任务段，该中心是欧洲"伽利略"导航计划基础设施的一部分，是与欧洲导航用户之间的唯一接口，并促进 OSNMA 和高精度服务交付。

（五）欧盟成员国启动"伽利略欧盟防御"军用 PNT 项目

6 月，欧盟 14 国和 30 家机构表示共同启动"伽利略欧盟防御"军用"定位、导航与授时"（PNT）应用开发项目，这将是"伽利略"系统规模最大的应用开发项目。该项目将持续至 2026 年，拟开发供所有欧盟成员国使用的军用 PNT 设备，包括公共监管服务安全模块、公共监管服务接收机、抗干扰受控辐射模式天线、通用/标准化测试环境、公共监管服务基础设施等。其中，公共监管服务可与 GPS 互操作，可在无法访问 GPS 的情况下为用户提供安全的 PNT 服务，具备高抗干扰、抗欺骗能力。

三、结束语

2021 年，主要航天国家和地区导航定位卫星系统研制与部署继续推进，新技术研发不断取得进展。随着主要航天国家导航卫星星座建设持续落地实施，在关键技术、系统运控、认证机制等方面不断发展，各国天基定位、导航与授时能力将进一步提升。

（中国航天系统科学与工程研究院　张京男）

2021 年侦察与预警卫星技术发展综述

2021 年，国外侦察与预警卫星技术领域保持快速发展势头。3 个国家共计发射 14 颗卫星，如表 1 所列；世界大国均对侦察预警卫星的部署十分重视，同时加紧攻关人工智能应用、新型成像等技术，有望带来侦察与预警卫星领域技术的新发展。

表 1   2021 年国外侦察与预警卫星发射统计

卫星	国家	卫星类型	发射时间	轨道类型	轨道高度/千米
"莲花" – S1	俄罗斯	电子侦察	2021.02.02	低地球轨道	910×901
"锁眼" – 12	美国	光学成像侦察	2021.04.26	低地球轨道	700×600
"昴宿星" – NEO 3	法国	光学成像侦察	2021.04.29	低地球轨道	623×621
"天基红外系统" – 5	美国	导弹预警	2021.05.18	地球同步轨道	35719×35696
USA – 316 ~ USA – 318	美国	不详	2021.06.15	低地球轨道	400
"芍药" – NKS901	俄罗斯	电子侦察	2021.06.25	低地球轨道	462×447
"昴宿星" – NEO 4	法国	光学成像侦察	2021.08.17	低地球轨道	624×614
"宇宙" – 2551	俄罗斯	光学成像侦察	2021.09.09	低地球轨道	295×307 (失败)
"谷神星"	法国	电子侦察	2021.11.16	低地球轨道	670×670
"苔原" – 15L	俄罗斯	导弹预警	2021.11.25	大椭圆轨道	38552×1626

一、侦察监视装备持续补网完善，同时相关侦察监视技术加快研制

美国、俄罗斯和欧洲等国家/地区稳步推进各自侦察监视卫星系统部署建设，不断强化天基侦察能力。此外，多项侦察监视技术稳步推进中。

（一）各国侦察监视装备继续部署并稳步推进在研装备，完善侦察监视网络

美军4月成功发射"锁眼"－12光学成像卫星，进一步完善了美军的侦察监视卫星装备体系；俄罗斯2月与6月发射"莲花"－S1卫星与"芍药"－NKS901卫星2颗电子侦察卫星，共同组成俄罗斯新一代"蔓藤"电子侦察卫星综合星座系统；法国4月和8月发射了"昴宿星"－NEO3以及"昴宿星"－NEO4两颗光学成像侦察卫星，实现成像侦察卫星的更新换代；法国11月发射3颗"谷神星"卫星，电子侦察卫星开始向业务化运行转变。

此外，新一代侦察监视卫星研制进程稳步推进。6月，美国太空发展局发射1个"轨道试验平台原型"载荷，以"黑杰克"的"赌台官"星载自主控制系统为基础，结合数据融合处理器、软件等，验证自主星上处理、数据下传等能力，验证了"下一代太空体系架构"监视层卫星的相关技术。该载荷由太空发展局研制，搭载在YAM－3卫星上。

（二）韩国研发基于超小型卫星群的低轨侦察系统

9月，韩国国防采办计划管理局宣布，从2022年起开始研发一个基于超小型卫星群的低轨侦察系统，该侦察卫星系统将配备高性能雷达成像卫星和光学成像卫星，以更高的分辨率监测朝鲜半岛，缩短卫星重访周期，

增强探测地面移动导弹发射的能力。

（三）人工智能技术加强卫星图像分析能力

3 月，法国军备总局、军事情报局图像形成和判读联合中心以及初创公司 Preligens 展开了一项实验活动，该实验建立了一个实验平台，由法国的"太阳光学组件卫星"提供高分辨率图像，创建一个定制化的自动检测工具，由人工智能算法在不断增加的图像上检测、识别和鉴定飞机、船舶和装甲车等物体，用于自动检测设定地理位置的活动。该技术可以有助于专家搜索图像信息和线索，使其快速分析设定的地理位置上的军事异常活动。7 月，军事情报局授予初创公司 Preligens 合同开发人工智能工具，帮助其监控战略地点的军事活动，建立监控和警报机制来预测威胁。

（四）自动化卫星图像处理结合云数据加快信息处理流程

4 月，微软公司将泰勒斯公司的自动化卫星图像处理技术与该公司的云数据中心设施结合起来，用于处理数据流和及时生成信息，改进了信号处理、数据处理和地理空间数据分析的速度。侦察卫星收集到图像后下行到地面站，自动化卫星图像处理技术可以对其立刻进行系统分析。

（五）雷达技术快速发展支持新型战术侦察应用

5 月，美国太空军披露"地面动目标指示"卫星计划，主要研究利用小型雷达卫星进行地面移动目标的指示。天基"地面动目标指示"主要利用雷达卫星接收到的回波信号将动目标和静目标进行区分，根据其多普勒频移计算其移动速度。天基"地面动目标指示"将取代机载"联合监视目标攻击雷达系统"，其数据将整合到"先进作战管理系统"的云中。

7 月，芬兰冰眼公司的雷达卫星推出首次"每日相干地面跟踪重复成像"技术。该技术主要依靠雷达卫星的轨道调整功能和数据处理技术。成像角度的精确性和可重复性使得雷达卫星可每 24 小时从完全相同的轨道位置对地球上的相同位置进行成像，使用收集到的雷达数据进行干涉测量和相干分析，可在每天一致的背景基础上快速确定某个位置的微小变化，准确了解所选观测区域的活动情况。"每日相干地面跟踪重复成像"技术可用于较小区域的超高分辨率成像，或高分辨率的广域覆盖，使用该技术可详细监控现场活动、地面沉降、基础设施完整性、施工等。11月，美国陆军联合芬兰冰眼公司开展雷达卫星图像处理和分发技术研究，推动天基 SAR 数据融入战术侦察应用。陆军和冰眼公司将探索合成孔径雷达卫星的图像任务、上行链路、下行链路、图像处理和传播，以支持陆军和国防部的战术侦察需求，减少合成孔径雷达卫星和陆军士兵之间的延迟。陆军还将通过其共同地面终端和目前正在开发的战术情报目标访问节点与卫星进行对接。

（六）多光谱传感技术推动成像模式多样化

7月，美国空军研究实验室发布多光谱传感技术研发公告，寻求利用多光谱传感技术研发美国空军光电与射频传感器。空军研究实验室主要聚焦13个研究领域：多波段多功能阵列开发，全自适应雷达，先进数字多功能阵列激光雷达，激光雷达成像、系统、组件与应用，无源分布式射频感知，波形现象学、设计与应用，传感器信息处理与集成，被动红外光电传感器技术，红外光电硬件与算法，高光谱成像技术，防区外高分辨率成像，红外搜索与跟踪技术，被动红外光电空基传感。

（七）小型卫星验证战术侦察卫星星座快速重构

6月，美国陆军部署1颗"枪烟"－J实验性小型卫星，与在轨的2颗"枪烟"－J卫星组成3星星座，演练轨道预置、应急发射等多手段快速重构受损侦察卫星星座的可行性，支持陆军作战行动信息收集。

二、各国不断升级完善预警卫星装备，推动新一代预警卫星技术的研制

美国、俄罗斯推动各自预警卫星系统部署建设，新一代天基预警能力研制进程进展较大。在预警技术方面，数字工程技术结合预警卫星设计流程，增强预警卫星能力迭代。

（一）美俄预警卫星装备进一步发展，新一代预警卫星研制稳步推进

美军5月成功发射"天基红外系统"第5颗地球同步轨道卫星，持续完善天基导弹预警系统；俄罗斯11月成功发射"苔原"－15L导弹预警卫星，持续升级补网新一代导弹预警卫星系统"统一空间系统"。

此外，新一代预警卫星研制进程取得较大进展。8月，"下一代过顶持续红外"Block 0系统地球同步轨道卫星载荷已通过关键设计评审。同月，美国太空发展局利用"红外有效载荷原型"载荷，在低地球轨道收集地球背景下的红外特征数据，对"下一代太空体系架构"跟踪层部分关键技术进行在轨验证，为发展低轨卫星的导弹识别技术奠定基础。11月，诺斯罗普·格鲁曼公司为导弹防御局研制的"高超声速与弹道导弹跟踪天基传感器"原型通过关键设计评审，计划于2023年交付"高超声速与弹道导弹跟踪天基传感器"原型，并在交付原型后进行在轨试验。"高超声速与弹道导弹跟踪天基传感器"将通过在低地球轨道上部署搭载中视场传感器卫星星座，与"下一代过顶持续红外"卫星以及地基雷达配合，实现对高超声速武器的全程探测、跟踪和监视。

（二）日本推进高超声速导弹预警探测技术研发

5月，日本防卫省表示将与美国导弹防御局合作开发"高超声速和弹道

跟踪天基传感器"项目，以用于探测高超声速导弹。11 月，日本开始论证本国低轨小卫星星座计划，以发展高超声速导弹探测跟踪能力，初步规划研发 3 颗卫星进行技术验证，小卫星质量在 100～500 千克之间，将部署在 400 千米的轨道上，携带光学相机载荷和其他传感器。

（三）数字工程技术引入预警卫星设计流程，加快技术能力迭代升级

4 月和 5 月，美国太空军分别授予雷声公司和千禧航天系统公司合同，两家公司将使用数字工程来设计卫星，交付和验证导弹跟踪卫星设计以及预测其在中地球轨道上运行的可行性和性能，用于构建"下一代过顶持续红外"Block 1 卫星的数字模型。数字工程技术无需真正的实物即可展示系统在轨道上的工作方式，模拟系统的实际尺寸、功能和物理特性，在真正制造前进行测试，可极大节省繁复的设计和测试过程，并实时修改实时测试实时迭代，快速生成所需作战能力。该合同的签订是太空军向数字设计及数字工程迈进的重要数字服务合同。8 月，红线公司宣布开设一个数字工程设施，政府机构和航空航天公司可在该设施中制作硬件原型、设计太空架构和运营概念。

三、结束语

2021 年，主要国家积极借助人工智能、新型成像技术，以及数字自动化卫星设计与信息处理等技术研发热潮，推动卫星侦察与预警技术不断取得进展，将显著提升卫星侦察与预警能力。

（中国航天系统科学与工程研究院　刘慧）

2021 年太空对抗装备技术发展综述

2021 年，在美国持续展现其太空作战意图的背景下，世界主要航天国家大力发展太空域感知与太空攻防对抗装备技术。其中，美俄在加强已有能力的基础上，稳步推进研发先进装备技术；欧洲重视太空监视与太空对抗能力，积极发展相关装备技术。

一、多国加速发展新型太空态势感知装备技术

2021 年，美国太空态势感知能力持续增强，太空军高度重视太空域感知装备技术，构建更加庞大的天、地基太空域感知装备网络，建立天波技术实验室，同时发展地月空间军用技术。俄罗斯拟建地基太空监视装备，新研新型近地轨道太空态势感知雷达。此外，欧盟启动 3 个太空监视与预警项目；其他国家加强太空态势感知装备技术发展。

（一）美国加速先进太空域感知装备技术发展

启动和推动多个项目提高太空监视目标识别能力。美国导弹防御局拟对目前安装在阿拉斯加州科利尔空军基地的"远程识别雷达"（LRDR）

Block 1 开展重大升级，预计 2024 年增加太空态势感知和太空物体识别的新能力。美国太空军发布"深空先进雷达能力"（DARC）项目原型建议，计划在美、英、澳各部署 1 座 DARC 雷达站，可探测距地球约 3.6 万千米外足球大小的目标，旨在满足太空军对地球同步轨道的太空域感知需求，预计 2027 年正式投入使用。美国空军研究实验室授予美国新墨西哥矿业技术学院（NMT）为期 5 年期的"马格达莱纳岭天文台干涉仪"（MROI）第一阶段建造合同，NMT 将在新墨西哥州索科罗县建造 3 台望远镜及 2 台科学仪器，分为商业和军用两种成像用途，预计 2026 年完工，将成为全球最大地基太空光学望远镜。该干涉仪采用 10 个望远镜分散阵列设计，最大限度提高接收光的吞吐量和光接收质量，用于观测和表征地球同步轨道及以远物体，将助力美军增强太空域感知与太空防御能力。

建立太空环境研究实验室开展电离层对军事系统影响研究。美国空军研究实验室宣布建立天波技术实验室，专门开展太空环境及其对军事系统影响研究，提高美军太空态势感知能力。该实验室将投资开发新技术，重点研制和试验用于监测太空环境的系统天线或传感器阵列等室外新仪器，以及收集和处理数据，以支持电离层和射频对航天器或航空器通信影响等研究。

开展地月空间推进技术研究。美军启动地月空间小型核推进和水蒸气推进技术研究。美国国防高级研究计划局选择通用原子公司开展"用于地月空间敏捷响应的验证火箭"（DRACO）计划的第一阶段工作，专门设计可用于空间推进的小型核反应堆。美国太空军授予 RSA 公司空间水蒸气推进技术第一阶段合同，设计采用太阳能水蒸气作为动力的 Scorpius 航天器，实现在地月空间进行太空演习和其他军事行动。此外，美国空军研究实验室发布《地月空间入门》，解释了地月空间监测活动复杂性，以及地月空间区域观测的传感器优点。美军计划在 2030 年前相继实现地球同步轨道以远太空域感知、通信和导航能力。

引入商业服务提升太空态势感知能力。美国太空系统司令部商业卫星通信办公室更名为商业服务办公室，监管范围从商业卫星通信拓展至情报、监视和侦察。该办公室还负责寻求从工业界获取提升军事效能及其成本效益的新商业能力，包括商业卫星图像、太空态势感知数据等。美国太空司令部与自由太空基金会签署商业太空态势感知数据共享协议，旨在启动太空态势感知服务与信息的双向交流，增强美军太空态势感知能力，提升全球太空行动安全性。通过太空态势感知数据共享协议，多国将进一步加强太空域合作，同时简化美国太空司令部在太空联合行动中收集重要信息流程，包括有关发射支持、卫星机构规划、在轨异常支持、电磁干扰报告及调查、卫星退役活动和在轨评估等。截至 2021 年底，美国太空司令部已与自由太空基金会签署了 100 个商业空间态势感知数据共享协议。

（二）俄罗斯太空态势感知装备技术取得进步

计划升级现役地基预警雷达系统。俄国防部正在制定预警系统更新计划，包括在俄境内部署 2 座新雷达站，全面升级"沃罗涅日"远程导弹预警雷达等，预计 2030 年前完成。

新研太空望远镜即将投入使用。俄罗斯航天集团阿尔泰光学激光中心建造的地基太空望远镜将于 2022 年投入使用，该望远镜用于近地空间监测系统，不但可准确预测威胁本国卫星的太空碎片，而且还能拍摄航天器详细图像。

研发新型近地轨道太空态势感知雷达。俄罗斯远程无线电通信科学研究所研发的一种太空态势感知雷达系统，将用于确保卫星的安全在轨运行。该雷达属于毫米波雷达，采用固定部署方式，可对 2000 千米范围内的运载火箭发射到卫星入轨过程进行跟踪，同时自动发现、识别、跟踪近地轨道物体，区分火箭残骸与在轨卫星，监测、获取其坐标及其他相关信息。该雷达有助于及时应对轨道上的紧急情况，掌控各国过顶低轨通信卫星星座状态。此外，该雷达采用预先制造技术，可在短时间内快速组装部署。

（三）欧洲持续发展太空态势感知装备技术

德国太空态势感知中心选择 iSpace 天基态势感知系统。德国宇航中心与德国空军共同运营的德国太空态势感知中心选择洛克希德·马丁公司的 iSpace 天基态势感知系统，旨在监视航天器太空碰撞、机动、解体和发射等轨道活动，及时获取预测性情报，规避太空天气和卫星异常等威胁。

欧盟启动"欧洲国防工业发展计划"下的 3 个太空监视与预警项目。该项目包括"太空态势先进应用与侦察传感器"（SAURON）项目、"太空全球识别与告警创新和互操作技术"（INTEGRAL）项目，以及天基导弹预警架构多国发展倡议"奥丁之眼"（ODIN'S EYE）项目，2021 年底启动，将持续至 2024 年底。SAURON 项目旨在开发创新型传感器来表征和识别在轨卫星，预计 2023 年底开展传感器联合试验。INTEGRAL 项目将设计支持各国太空监视中心协同联网软件，将与 SAURON 项目密切合作，成为未来欧洲太空监视网的两个重要组成部分。"奥丁之眼"项目涉及天基导弹预警，旨在为开发从太空中探测弹道导弹、高超声速导弹以及民用发射器的能力做准备，将推动发展导弹防御、防扩散监控和太空监视。

（四）其他国家加强太空态势感知装备技术发展

澳大利亚重点提升太空态势感知能力。澳大利亚提出拟于 2022 年成立一个"一体化太空机构"来维持、生成和运用太空能力，目前正在开展评估工作。澳大利亚《2020 年国防战略》更新版曾提出，将在未来 10 年投入 70 亿澳元用于提高国防太空能力，重点提高态势感知能力，探索建立本国运营的卫星通信网络，以减少对其他国家的依赖；同时将开展太空国际合作，与盟友协调对太空的利用和保护。

加拿大公司发展太空态势感知低轨卫星星座。北极星公司获得加拿大政府投资，建设由52颗地球成像卫星组成的星座，以监视在轨卫星和地面情况。北极星公司计划在近地轨道部署的52颗卫星分为两类，包括12颗"云雀"太空态势感知卫星和40颗带有红外和高光谱传感器的遥感卫星，前者装有定向到近地空间的光学传感器，可以跨多个轨道跟踪在轨卫星；后者主要用于监视地球。根据进度安排，两类卫星采取混编连续部署方式，预计2025年星座在轨卫星数量达到40颗。

二、主要国家稳步推动太空攻防装备技术发展

2021年，美国开展首个战术响应发射技术试验，发展定向能武器、抗干扰导航系统和抗干扰卫星通信系统技术；俄罗斯反卫技术迅速发展；多个国家开发导航卫星和通信卫星信号抗干扰技术。

（一）美国稳步推进太空攻防装备技术发展

美军正在发展定向能武器。美国太空作战部长雷蒙德在国会听证会上表示，美国正在开发定向能武器，以保持美军太空优势。这也是雷蒙德首次在听证会上公开证实美军正在研发定向能武器系统。美国导弹防御局曾于2018财年预算中提出探索开展使用天基定向能拦截弹道导弹的研究。

美国开展首个战术响应发射技术试验。诺斯罗普·格鲁曼公司利用L-1011型飞机挂载"飞马座"XL空射火箭，成功将太空狩猎办公室首个技术验证任务——"战术响应发射"-2（TacRL-2）有效载荷发射入轨。TacRL-2有效载荷是由美国空军研究实验室和空间动力学实验室建造和运

行的太空态势感知卫星。此次发射旨在验证卫星的快速研制和入轨，以扩展未来快速响应发射任务的范围并持续压缩发射时间线。

美军发展抗干扰导航系统。美国太空军选择 BAE 公司开发"军用 GPS 用户设备增量 2 微型串联接口"项目，专注开发超小型低功耗 GPS 模块和认证先进专用集成电路，且与下一代军用 M 码信号技术配合使用，提供具有抗干扰和防欺骗能力的可靠 GPS 数据，能够抵御电子战威胁。该技术不仅为作战人员提供定位、导航与授时能力，使其能够在强对抗性电磁环境中执行任务，还将改善为小尺寸和低功率的精确制导弹药、电池供电手持设备等提供的 GPS 应用能力。

美国海军选择泰勒斯公司与 CS 集团联合开发高性能安全网络抗干扰导航系统。该系统结合了泰勒斯的 TopAxyz 惯性导航单元和 CS 集团的车载计算机的尖端技术，为海军提供准确导航数据及实时数据分发，以应对网络攻击、电子战威胁及基于 GPS 无线电导航方案受到欺骗干扰的风险。TopAxyz 惯性导航单元可在不受海况和船只位置影响下检测 GPS 欺骗信号，从而提供准确可靠的导航数据；CS 集团的车载计算机将导航数据进行实时分发，采用最新网络安全技术，具有导航安全、成本较小、使用与维护系统简便的关键架构优势。

美国太空军发展抗干扰卫星通信技术。美国太空军选择波音公司、诺斯罗普·格鲁曼公司开展"受保护战术卫星通信"（PTS）项目下一阶段研究，分别研制抗干扰卫星通信原型载荷，替代现役"先进极高频"卫星的下一代安全通信卫星方案，两家公司的载荷计划 2024 年搭载在一颗军用或商用卫星上进行在轨验证。美国太空军授予 L3 哈里斯公司"牧场"通信对抗系统 Block10.2 升级合同，为本土和海外军事基地生产 16 个"牧场"系统，预计 2025 年 2 月完成；此外，L3 哈里斯公司正在研发"牧场"通信对抗系统 Block10.3 版本，预计 2022 年完成。

（二）俄罗斯反卫技术迅速发展

俄罗斯在普列谢茨克发射场发射 1 枚反卫导弹，击毁轨道高度485 千米的本国退役侦察卫星"处女地"－D，产生大量太空碎片。俄罗斯自 2014以来已开展至少 10 次反卫飞行试验，此次试验首次展现俄地基动能武器摧毁卫星的实战能力，将进一步增强其空天防御和威慑力，对太空环境、全球太空安全局势产生重要影响。

（三）欧洲国家开发导航卫星和通信卫星信号抗干扰技术

英国发展可替代卫星导航方案。英国航天局选择本国 6 家企业参与"天基定位导航与授时计划"（SBPP），开展系统设计和操作、信号和算法、弹性能力、保证能力和成本建模研究工作。

意大利国防部开发"西克拉尔"（SICRAL）3 安全抗干扰卫星通信系统。意大利国防部选择泰勒斯·阿莱尼亚航天公司和空间电信公司开发 SICRAL 3 安全卫星通信系统，包括空间段和地面段，旨在满足意大利国防通信和互操作性要求，为机密战略和战术通信的地球同步卫星提供支持。

三、在轨操作技术成功开展工程服务

2021 年，在轨操作技术迅速发展，美国开发新型在轨维修机器人；俄罗斯发展核动力太空拖船；乌克兰公司利用在轨交会对接技术建造在轨服务航天器。此类技术虽不直接用于太空对抗，但却具有转换为太空对抗装备的潜力。

（一）美国发展新型在轨服务技术

发展新型在轨维修技术。美国太空物流（Space Logistics）公司表示，计划发展一种装备有机械臂的新型维修机器人（MRV），主要任务是为寿命末期卫星安装小型推进装置（即任务扩展吊舱），每个吊舱可延长卫星寿命约6年，预计2024年发射首个新型维修机器人。MRV也可以完成其他服务，包括对航天器进行近距离检查，目标航天器的重定位，以及简单维修。

发展太空拖船。美国发射者公司表示正在研制面向小卫星的一款轨道转移航天器"环绕者"，将能携带最大150千克有效载荷。有效载荷空间既可容纳90个立方星，也可装载采用标准小卫星分离系统、尺寸较大的卫星。"环绕者"还具备供电、通信等功能。首飞任务定于2022年10月。

（二）俄罗斯发展核动力太空拖船

俄罗斯在阿联酋国际宇航大会展示"宙斯"核动力太空拖船模型。该太空拖船动力系统工作原理为通过放置于飞船的核反应堆产生热量，利用涡轮机启动发电机，产生电能，驱动4个大功率离子推力器产生等离子体，推动拖船航行。"宙斯"核动力太空拖船中途无需补充燃料，可往返于木星或其他行星。此外，据俄罗斯专家表示，"宙斯"核动力太空拖船可能会部署在太阳和火星之间的拉格朗日点，运载通信传感器和发射器可以充当火星通信中继器。"宙斯"核动力太空拖船项目初步设计开发将于2024年7月完成，2028年6月完工，2030年升空并进行飞行试验。

（三）乌克兰公司利用在轨交会对接技术建造在轨服务航天器

乌克兰库尔斯轨道（Kurs Orbital）初创公司将开发一种采用机器视觉、雷达和机器人等技术的新对接模块，能够与非合作目标自动对接，重点为商业地球同步轨道卫星服务，预计2023年开展低轨交会对接验证，2025年利用4个航天器提供卫星离轨服务。

四、结束语

随着美国在太空中作战的目标日渐凸显，世界多国愈加重视太空对抗能力建设，在全球掀起太空军事化浪潮。太空对抗装备技术迅猛发展，为国际太空安全形势带来日新月异的挑战，进而引发新一轮针对太空的军备竞赛。

（中国航天系统科学与工程研究院　杨富茗）

重要专题分析

美国太空军发布数字军种愿景

2021年5月6日，美国太空军发布《美国太空军数字军种愿景》（以下简称《数字太空军》），提出创建数字部队，推动太空军向以数据为中心的时代迈进。

一、背景情况

为迎接数字时代、抢占数字优势，美军近年来积极推进数字转型。2018年以来，国防部先后发布多份战略文件进行顶层规划指导：发布《国防部数字工程战略》，推动美军采办由以文档为中心向以数字模型为中心转型，形成以模型和数据为核心的全新范式；发布《国防部数字现代化战略》，提出未来数字环境愿景，构建无缝、敏捷、弹性、透明和安全的信息基础设施和服务，提高国防部的信息优势；发布《国防部数据战略》，提出加快向"以数据为中心"过渡，在作战速度和规模上利用数据提高作战优势和效率。

在国防部指导下，各军种围绕数字转型，进一步制定了细化执行文件：

2019 年 4 月，陆军部发布《陆军数字工程实施》文件；2020 年 6 月，海军部发布《海军与海军陆战队数字系统工程转型战略》；2019 年 7 月和 2020 年 10 月，空军部发布《数字空军》白皮书和《数字采办的现实》指南。太空军作为美军唯一在信息时代成立的军种，发布《数字太空军》并提出创建世界首个数字军种，是进一步落实国防部相关战略的重要举措。

二、主要内容

《数字太空军》概述了建设数字太空军的必要性、数字太空军愿景，以及数字太空军四大重点领域，并勾画出数字太空军典型作战时序。

（一）建设数字太空军的必要性

一是美军研判其面临的太空威胁日益紧迫。美军认为潜在对手正在抵消美国的太空优势，迅速缩小差距，在某些领域甚至正在超越美国，必须通过数字现代化增强联合作战人员的杀伤力，广泛利用数据和信息，在对抗环境中制胜。二是美军认为太空军规模小、业务专、任务多，为确保其在信息化时代完成复杂任务，必须发展成为精干、高效、敏捷的数字部队。

（二）数字太空军愿景

《数字太空军》提出将太空军建成一支互联、创新、数字主导的部队。

一是互联。互联可使太空军与任务相关方高效信息共享，实现无障碍交流。太空军将数字基础设施作为重要战略资产，最大限度提高信息交换和决策的速度，使太空军作战人员像"数字游击队"一样灵活开展行动，成为一支真正意义上的机动部队，实现分布式作战。

二是创新。创新可使太空军不断开发和应用新技术，在多变的竞争环境中有效应对不确定性。太空军将打造自上而下的创新环境，招募数字人才，培训创新技能，完善激励机制，培养数字思维，将决策权尽可能下放至最低层级。

三是数字主导。数字主导可使太空军将积累的技术实力转化成强大的力量倍增效应，比潜在对手更快、更有效地开发、部署和运用颠覆性能力。太空军将创建数字工程生态系统，使其能够直观地在数据空间思考与行动，应对动态挑战。

（三）数字太空军四大重点领域

《数字太空军》提出从四个重点领域推进数字太空军建设：一是数字工程，将建立可互操作、弹性、安全的数字工程生态系统，加速将成熟的创新概念发展为一体化解决方案，更快地提供关键作战能力。二是数字人才，将吸引和招募熟练掌握数字技能的人才，挖掘、利用每个成员的独特优势，并培养数字优先的创新文化。三是数字总部，将数据视为战略资产，利用其为敏捷、数据驱动的决策提供动力，推动以数据为依据的决策。四是数字作战，利用互联的数字基础设施、创新型数字人才，推动形成具有强大杀伤力的太空作战力量，确保数字优势转化为太空作战优势。

（四）数字太空军典型作战场景

不远的未来，数字太空军将利用数字范式应对快速出现的威胁。当太空军面临重大威胁时，通过 AI 赋能的融合情报立即识别出威胁；5 分钟内，通过数字协同形成应急响应；2 小时内，不同专业领域的人参加虚拟的威胁分析会议，在数据空间进行实时交互；12 小时内，获得授权的太空作战人员采取集体行动，启动作战方案，任务分配给作战、情报和采办机构；36 小时内，作战人员探索和实施短期反制措施和长期对策；5 天内，快速开发并测试数字解决方案；6～28 天，制定完成应对敌方太空威胁的长期方案。从初步确定新威胁到实施短期反制措施并围绕长期对策开展针对性投资，时间不到一个月。长期对策将被纳入未来太空系统发展规划中，并在敌方新威胁部署前，抵消其效果。

三、初步认识

（一）成为数字军种是美国太空军的必然选择

美军认为潜在对手比其更快地在太空、太空对抗、赛博空间和电磁频谱等领域进行能力部署，在某些领域，甚至正在超越他们。一方面，为应对这种威胁，美军必须利用数字解决方案，加速研发、部署和使用太空能力，在敌对、复杂和动态的环境不断适应和发展。另一方面，从太空军自身特点来看，其天生具有成为数字军种的优势：一是天基信息支援的使命与职责，要求其必须广泛利用数据和信息，以在竞争激烈的作战环境中取胜；二是太空军作为规模小、高度专业化的军种要支撑完成复杂的联合作战任务，必须发展成为精干、高效、敏捷的数字军种。

（二）美国太空军以装备发展数字化为数字转型初期的抓手

数字工程是培养数字人才、实现数字总部和数字作战的基础，是推动太空军数字转型的关键，太空军以装备发展数字化为数字转型初期的抓手。装备发展数字化涉及许多技术，其中核心关键技术是基于模型的系统工程、数字孪生、数字主线等技术，此外基于现代信息技术的基础条件也必不可少。太空军利用上述关键技术，在数字基础设施上开发必要的工具、应用程序和接口，形成安全、弹性、协同的数字环境，提供可生成、操作和分析数字模型的数据空间。这将有效降低成本，缩短航天装备采办周期，加快航天能力发展和交付速度。《数字太空军》发布前，美国太空军已选取"过顶持续红外"预警卫星、"受保护的抗干扰卫星通信"、GPS ⅡF卫星等项目，构建数字孪生模型，推进航天装备数字化采办。

（三）数字转型对美国太空作战与指挥控制产生重要影响

一是人工智能赋能。人工智能是一项先进的数字化技术，人工智能赋能的融合情报可识别出潜在的威胁，并自动发出告警，实施体系评估。美国太空军通过人工智能等手段可实现战斗管理、指挥控制和通信的自动化。二是各层级协同决策。数字太空军利用数据空间促进决策者协同工作，推动实现快速、协同、数据驱动的决策，获得作战决策优势并提高作战效率。三是机动作战。数字太空军作为"数字游击队"可灵活开展行动，无缝支持来自不同地点的不同任务，成为真正意义上的机动部队。四是作战指挥决策权下放。数字太空军的作战指挥决策权逐级下放至最低，上级默认下级可以采取行动，除非上级对权限进行明确限制，这将使作战人员处理突发情况时变得更加灵活。

（四）数字转型对美国太空军网络安全防护能力提出更大挑战

数字化程度越高，对数据安全的要求也越高，若美军网络安全防护存在漏洞，将是重大隐患。网络攻击是一种比动能或定向能攻击成本低得多的干扰太空系统的方式，并可同时攻击多个目标。大部分网络攻击是可逆的，且很难确定攻击者，这使其被实际使用的可能性很大。过去几年，网络安全缺陷一直是美军武器系统不能通过试验鉴定的重要原因之一，网络安全也是美军太空系统的软肋。美国太空军正依托美国国家网络靶场建设太空网络试验靶场，足以证明其对太空网络安全的重视程度。

（中国航天系统科学与工程研究院　舒怀）

美国智库建言重塑美国太空军力

2021 年 4 月 27 日，美国智库传统基金会发布《重塑美国军力：太空军》报告，分析了当前太空环境的演变和美国太空安全面临的主要威胁，梳理了美国太空军组建现状、组织架构、装备能力，并为美国太空军和太空作战能力的发展提出若干建议。其中，轨道作战能力、太空力量"军商盟一体"耦合式发展尤其值得关注。

一、主要内容

报告包括背景、重组、组织机构、太空装备能力现状、理论、其他军种太空资产、民商航天、需求采办、未来需求、建议总结十个章节。主要内容总结如下：

（一）美国太空管理架构历史沿革

20 世纪 60 年代初，美国已基本形成当前的太空管理架构，即由空军、海军、陆军、国家侦察局、国家航空航天局等，按职责分管相关太空活动。2015 年左右，美国国防部太空管理职能甚至分散于 60 多个不同机构。考虑到太空在现代化战争中的重要地位，美国国会在 21 世纪初，曾对国家安全太空计划的组织和管理进行重新评估，考虑组建一支独立的太空部队，进一步整合分散的太空力量。但"9·11"事件导致相关工作暂缓推进。

（二）美国太空军军力调整现状

美军计划分阶段开展太空军军力调整：第一阶段已完成，成立了太空发展局，梳理了太空作战可用兵力，重建了太空司令部；第二阶段已启动，正在组建太空军，下设三个直属司令部，其中太空作战司令部已经成立，下辖 8 支太空任务德尔塔部队，分管太空域感知、太空电子战、导弹预警、太空指挥与控制、太空网络战、情监侦、卫星通信和导航战、轨道战任务，以及 2 支保障部队等。

（三）美国太空装备能力现状

美军通信、导航授时、气象、情监侦卫星装备体系，可发现、锁定和瞄准几乎所有陆基或海基威胁。由天地基太空态势感知传感器构成的太空监视网络，可了解对手系统位置、轨迹及机动方式，支持研判对手真正意图、形成后续太空对抗决策。太空防御装备体系可综合采取主被动防御手段；太空进攻仅公开一型射频干扰武器，但有诸多具备潜在攻击能力的天基系统，且不排除拥有其他秘密装备。

（四）重塑太空军力发展建议

加快向太空军转隶国防部内所有太空关键人员、设施及天地基系统，2021 财年完成空军人员转隶工作，2023 财年完成其他调整；扩大美国太空监视网，部署新的低成本低轨监视卫星星座，立即在澳大利亚部署第 2 套 S 波段"太空篱笆"雷达系统；开发并部署卫星防御系统，探索高价值卫星自主防御机制，提高防御和溯源能力；扩大利用商业卫星服务，在不同轨道建立更大型的卫星网络，在低轨部署更多政府卫星，将对手攻击影响降至最低；利用兵棋推演、作战仿真优化战术标准操作程序，完善战略层和战役层理论；尽快将太空发展局转隶太空军，授权太空军牵头国防部太空系统的需求开发及系统采办工作，包括充分开发立方星攻击潜力，加强与 NASA 和立方星制造商合作，重新制定交会逼近操作推进和机动需求，开发一系列可兼容的进攻性系统。

二、初步认识

基于对传统基金会报告的分析，结合美军最新实践，美国智库正在助推政府新一轮军力重塑，轨道作战能力将是美国未来关注重点之一，美国太空力量"军商盟一体"耦合式发展正在成为重要趋势。

（一）智库迎合美国高端对抗战略需求，助推新一轮军力重塑

拜登执政后，延续大国竞争战略，将中国视为首要对手，能在经济、外交、军事、技术领域与美国开展长期竞争。兰德公司、米切尔研究所、大西洋理事会、传统基金会等智库，纷纷建言献策，提出军力发展主张，意欲影响新一届政府的战略决策，继特朗普政府之后掀起新一轮美国军力重塑热潮。作为美国主要保守派智库，传统基金会对美国公共政策制定具有长远的影响力。该智库自 2018 年起，陆续发布"重塑美国军力计划"系列报告，梳理了海军陆战队、陆军、空军、海军、太空军的军力现状，反思中东困境和经费削减等对美国军力带来的消极影响，坚持以重建军力为重点，建议政府结合科技创新、核能竞争、产业链，乃至跨大西洋同盟、印太地区竞争力等方面，全方位重塑美国整体实力。

（二）轨道作战能力将是美国未来关注重点之一

尽管美军每年都有相当一部分经费用于秘密武器研发，但长期以来，

美军仍是以天基信息支援系统为发展重点。一方面，随着多域、跨域、全域作战概念不断发展，美军联合作战对天基信息支援需求也在不断增强；另一方面，主要国家保有基本共识，即太空受到核威慑保护，是避难所而非战场。近年来，随着美、英、法、日等国家相继将太空视为作战域，太空攻防对抗能力也成为关注重点。特别是美国政府将中美高端对抗提上日程后，以传统基金会为代表的美国主流智库，积极倡导研发兼具软硬杀伤能力的附着式立方星，为高价值卫星配备攻击探测和自主防卫能力，加大微小卫星太空对抗能力的开发力度等，其实质是在为美国实施轨道作战进行能力储备。

（三）美国太空力量"军商盟一体"耦合式发展正在成为重要趋势

自拜登政府强调"美国归来"后，美国积极修复与盟友关系，在军事合作方面，美盟尤其注重能力互补的耦合式发展。仅从传统基金会建议看，在技术开发方面，美军将与 NASA、卫星制造商合作，研发交会逼近操作推进和机动系统技术；在装备建设方面，美国可能会更多利用商业卫星力量，提升系统弹性；在装备部署方面，美国可能会加速在澳大利亚部署 S 波段"太空篱笆"雷达系统，提升对东北亚南向发射太空目标的监视。

（中国航天系统科学与工程研究院　田甜）

美国太空作战演习发展分析

太空作战演习是美军检验和提升太空作战能力的重要方式。近年来，美国立足强对抗环境下的慑与战，着力改革太空作战力量建设与运用，通过丰富各类太空作战演习，加速提升太空战备能力与杀伤力，谋求抢占先机，夺取未来太空战场绝对优势。

一、主要演习情况

2019 年以来，美国太空作战演习由战略司令部和空军航天司令部主导，逐渐过渡为由太空司令部和太空军主导。太空军太空训练与战备司令部为主要组训机构，下辖太空训练、太空靶场与侵略者等 5 支德尔塔部队。太空作战司令部为主要受训对象，下辖太空电子战、卫星通信与导航战、轨道战等 8 支太空任务德尔塔部队，除了主要参与太空司令部、太空军主导的演习外，还广泛参与其他战区、军种主导的演习，加速将太空融入联合全域作战。

（一）太空司令部和太空军主导演习

美国太空司令部主导演习包括"太空雷霆"等，太空军主导演习包括

"施里弗""太空旗"等。

1. "太空雷霆"

"太空雷霆"是美国太空司令部主导的演习，2021 年 11 月首次启动，参照美国战略司令部"全球雷霆"演习设立，后者旨在进一步提高核战备与战略威慑能力。该次演习中，约 30 名太空司令部总部参谋参与，重点演练了指挥控制流程，确保太空司令部能够执行"受援"角色，就太空域开展保护和防御工作，综合评估了太空领域对提高核战备与战略威慑能力的作用。

2. "施里弗"

"施里弗"是美国太空军组织、以博弈研讨和兵棋推演方式开展的战略级太空作战演习，于 2001 年启动，截至 2021 年 10 月，共开展 14 次。"施里弗"采用计算机建模、仿真等手段，从战略层面预测推演未来十年的太空部队规划与系统集成需求，包括融合太空力量与陆、海、空、网、电各域作战能力，提升全谱威胁下的联合全域作战能力。演习重点经历 5 个阶段，依次为：探索太空力量慑止战争的战略价值；探索太空力量在联合作战中的战术应用；探索太空与赛博空间融合情况下的作战概念和战法；探索太空应对"区域拒止"发挥效能的途径；2017 年以来，重点探索太空联合联盟作战指挥控制框架和作战能力运用。2018 年以来，日、法、德逐渐成为"五眼联盟"以外的常驻国。演习频次从最初的两年一次逐渐提高到三年两次再到一年一次；假想敌从暗指中俄到明指中俄；演习周期 5～10 天不等。

3. "太空旗"

"太空旗"是美效仿空军"红旗"军演开展的战役战术级太空对抗实战训练，2017 年启动，截至 2021 年 12 月，共开展 13 次。"太空旗"演习通过"实况－虚拟－构造"（LVC）结合的高度逼真的训练环境，演练太空作战，检验运用战术效果实现战役目标，演习频次由最初一年两次调整为一年三次；演习周期从5天到两周不等。该演习现由美国太空军太空训练与战备德尔塔部队的阿尔法作战中心（OL－A，原分布式太空任务作战中心）负责开发、规划和执行；受训对象为太空作战司令部各太空任务德尔塔部队，且国家侦察局由白方变为蓝军。2021年8月的SF21－3演习首次构建涵盖所有太空作战任务的全面的训练环境，演习场景包括57个训练目标，使参演人员有机会执行多种战术技术规程和可能的战术改进建议，进而将这些战术训练要点用于支持现实任务；12月的SF22－1演习，第2次邀请盟友参与，但首次向盟友开放基于建模仿真的太空作战环境，模拟了美国导弹预警卫星被俄罗斯击毁或干扰情况下，美国在太空实施太空电子战的可能作战效果。

（二）其他战区、军种主导演习

近年来，美军太空力量参与的空军演习主要包括"红旗"，陆军演习主要包括"会聚工程"；参与联合演习主要包括"先进作战管理系统"演习、"全球闪电"等。美国太空司令部2021年8月称，其自2019年成立以来，共参加了24次各类国家、联合作战司令部层面的一级兵棋推演、演习、战争预演等，测试并完善了太空作战指挥控制关系。

1."红旗"

"红旗"军演是美国空军重要的模拟对抗演习，1975年启动，每年开展3~4次。"红旗"演习初衷是使空勤人员拥有头10次作战架次的经历，提高其战时生存率；后逐渐加入联合及联盟部队。早在2001年，第527太空侵略者中队就首次参加了"红旗"演习。2020年1月、3月、8月，美国空军"红旗20－1""红旗20－2""红旗20－3"多国联合军演开展了空、天和网络一体化作战演习和训练。如"红旗20－1"演习中，太空军处理了82个定位、导航与授时（PNT）请求以支持人员救援和动态目标计划活动；还对79个导弹警报和196个红外/电子情报请求做出了响应。2021年7月至8月的"红旗21－3"，太空军首次大规模参与，如太空电子战、卫星通信与导航战、轨道战等德尔塔部队均派出中队，演练了与旗鼓相当对手的大规模复杂空中战役和全方位国家安全目标的太空电子战能力、跨敌方数据网络的网络攻击能力。

2. "会聚工程"

"会聚工程"是美国陆军为提高对联合全域指挥控制贡献度而主导进行的系列连续、结构化的演示和实验，围绕人员、武器系统、指挥与控制、信息与地形五个核心要素设计，2020年8月首次启动，截至2021年12月，共开展2次。"会聚工程"2020使用商业低轨卫星及"灰鹰"无人机，同时探测空中和地面目标，产生的数据传给战区作战中心的"普罗米修斯"人工智能目标处理系统，数据经处理后回传给前方部队装备的"火焰风暴"人工智能辅助决策系统，辅助决策系统帮助制定攻击方案，并自动选择最合适的武器系统摧毁了多个靶标。该次演习验证商业卫星作战数据传输能力的同时，将多种新兴赋能技术融入全域战术边缘，使"发现到打击"时间从20分钟降至不到20秒。"会聚工程"2021测试了通过卫星和无人机更好地联网，包括测试高带宽网状网的新概念，在对手拒止通信能力时，使用商业低轨卫星和无人机传输数据。

3. "先进作战管理系统"演习

"先进作战管理系统"（ABMS）系列演习是由各联合作战司令部牵头的联合全域指挥控制演示实验，于2019年启动，截至2021年12月，共开展5次。第2次ABMS演习以俄罗斯为假想敌，太空军和太空司令部首次加入其中，作战空间扩展到太空域，一是检验了太空司令部在本土战略防御、天基系统受袭情况下，受其他联合作战司令部支援，综合运用陆、海、空、天、网多域力量执行太空防御作战的能力；二是通过空军研究实验室"商业太空互联网国防实验"项目，连接"星链"卫星与 KC – 135 加油机，验证了商业星座为空中作战平台提供数据传输服务的能力。第 4 次 ABMS 演习中，利用"星链"等卫星构建安全、多层的移动敏捷通信网，实现公开和加密网络间的数据传输，初步测试军商一体化的卫星通信能力。第 5 次 ABMS 演习旨在整合商业技术，以实现敏捷的国防部决策优势任务架构，夺取决策优势，涵盖所有 11 个联合作战司令部，实验了来自空军和太空军的新兴技术和作战概念，还包括第三次全球信息优势实验（GIDE 3）。开展的关键使能技术实验包括：支持机密等级下的移动、中断和分布式操作，使用移动设备作为计算平台通过商业卫星和地面蜂窝网络运行机密应用程序。

4. "全球闪电"

"全球闪电"是美国国防部主导的年度指挥控制演习，重点面向指挥控制与作战人员，旨在促进美国各联合作战司令部、各军种、政府机构与盟国间的协调作战，于 2014 年启动，截至 2021 年 12 月，共开展 8 次。2020 年 1 月，太空军和太空司令部①首次加入"2020 全球闪电"演习，太空军通过商业融合小组（CIC）将 7 家商业公司的卫星能力接入联盟太空作战中心，扩大军事和商业通信合作，提高战时协调效率。"2021 全球闪电"演习中，美国太空司令部 100 多名人员参与，在联盟太空作战中心测试了一系列多域太空能力，将高质量的决策信息快速传递至战术边缘。

---

① 此前，由战略司令部下的太空联合职能司令部参与演习，行使相关职能。

二、特点分析

美国太空司令部、太空军成立以来，逐渐完善自己的太空作战演习体系，且无论从战略战术层次上还是演练重点上都呈现出一定变化。

（一）演习层次从以战略为主向战略战役战术并重转变

21世纪头10年，美军主要依靠"施里弗"开展战略层面的预测推演，探索美军太空系统及太空指挥控制系统的运行状况，以及太空系统与地面系统的配合能力，获取太空战略制定、装备发展需求、战场指挥人员训练等方面的重要信息，研究和评估与太空相关的政策、战略、理论、作战概念、交战规则、装备需求以及力量结构等重大问题，为美军航天力量建设、发展和作战运用提供借鉴。21世纪10年代中期，美军在持续开展"施里弗"战略推演基础上，丰富演习样式，启动"全球哨兵""太空旗"等战役战术层级演习，并提高演习频次，探索美军及其盟友调动太空域感知等装备应对突发事件的能力，制定并检验太空作战理论、作战概念和战术技术与规程以慑止太空冲突，在具体场景下演练作战或操作流程，提升太空域感知、太空作战管理等能力。

（二）演习目的从运控保障向"今夜就战"战备能力转变

长期以来，美国太空部队作为作战辅助力量，主要承担太空装备运控工作，在"红旗"等其他军种演习或"全球闪电"等联合演习中也主要提供信息支援。在"对抗加剧、作战效果降低、军事行动受限"的作战环境下，美国太空力量态势由后台支援向"今夜就战"的战备状态转变，太空军将加速完成从"支援地面联合作战"配角向"主战太空"主角的角色转换，发展太空攻击能力已成为其现实选择。在"为21世纪战争做好准备"

理念指导下，美国太空部队试图平时"像作战一样训练"，以确保战时像训练一样作战。此外，美军认为，过去数十年为太空作战提供支持保障的训练与技能，已无法满足今日美军应对威胁并赢得胜利的需要。因此，如"太空旗"等演习逐渐强化威慑手段和作战手段，通过高度逼真的训练环境，模拟蓝军与均势对手开展战术轨道交战，使太空作战人员磨练作战技能，培养作战所需的批判性思维和决策能力的同时，更好地认清和应对对手威胁，夺取先发制人优势。

（三）演习内容从重装备运用向重作战实验倾斜

以"施里弗"为代表的早期太空作战演习重在对太空武器系统的应用进行定量、定性分析，检验太空系统的运行状况以及太空系统与地面系统的配合能力，为确定未来太空武器装备的研究重点和发展方向提供支撑。随着逐渐认识到未来战争取胜关键不再是武器平台，而在于作战概念、技术和能力等创新，在于构建跨域协同、多域聚能的体系作战网络。美军一方面通过"太空旗"等演习，重点演练"对抗加剧、作战效果降低、军事行动受限"环境下获取并保持太空优势，评估未来太空控制技术作战潜力，探索"轨道战"等新型太空作战概念，通过快速验证、快速迭代，确保能力快速生成。另一方面通过 ABMS 等联合实验演习，构建充分融合民商盟力量的新型太空作战体系，实验太空军新兴技术和作战概念，加速将太空能力深度融入联合全域作战；此外，陆军"会聚工程"演习验证商业卫星作战数据传输能力的同时，将人工智能、云计算等多种新兴赋能技术融入全域作战战术边缘。

三、结束语

美国在《国家安全战略》《国防太空战略》等国家顶层战略指导下，不断加快太空作战演习体系转型发展，核心是聚焦独立作战域、加快太空总体作战能力生成。同时，受限于太空高地的独特物理环境，美国加速探索在演习中融入人工智能、数字孪生等先进技术，布局"实况－虚拟－构造"一体的太空演训基础设施环境。借鉴相关经验，应高度重视太空作战演习体系化设计，注重基础设施和条件支持，包括专用靶场、威胁复制能力、训练模拟器等，同步完善相关理论、体制等调整。

（中国航天系统科学与工程研究院　田甜）

美国导弹防御局演示战区级高超声速
分层防御新构想

2021 年 6 月 16 日，在美国众议院军事委员会关于 2022 财年预算听证会上，美国导弹防御局用视频方式演示了最新的战区级高超声速分层防御作战构想，以航空母舰为高价值保护目标，防御重点落于高超声速导弹的滑翔段和末段，旨在探索战区级高超声速防御作战样式。

一、演示内容

在战区级高超声速导弹分层防御作战构想视频演示中，假设对手国家连续发射 4 枚高超声速助推滑翔导弹攻击航空母舰，并对每枚来袭导弹分别设计了防御作战场景，前三枚导弹均采用滑翔段拦截，第四枚导弹采用末段拦截，作战场景构想如图 1 所示。

第一枚导弹拦截：采用"远程交战"模式，特点是拦截弹发射时和交战时，来袭导弹尚在"宙斯盾"舰载雷达探测范围外。"宙斯盾"舰完全依靠"高超声速与弹道跟踪太空传感器"（HBTSS）探测到的火控级精度数据，遂行作战规划，远程发射"滑翔段拦截弹"，在滑翔段完成拦截。

图 1　高超声速分层防御作战构想

　　第二枚导弹拦截：采用"远程发射"模式，特点是拦截弹发射时和交战时，来袭导弹分别处于"宙斯盾"舰载雷达探测范围外与内。有两种交战方式：一种是发射拦截弹的"宙斯盾"舰依靠"高超声速与弹道跟踪太空传感器"探测数据，遂行作战规划，远程发射"滑翔段拦截弹"，并继续接受"高超声速与弹道跟踪太空传感器"引导，直到来袭导弹进入本舰雷达探测范围，转由该雷达引导"滑翔段拦截弹"实施拦截；另一种是发射拦截弹的"宙斯盾"舰依靠前置舰载雷达探测数据，遂行作战规划，远程发射"滑翔段拦截弹"，并继续接受前置"宙斯盾"舰载雷达引导，直到来袭导弹进入发射拦截弹的"宙斯盾"舰的雷达探测范围，转由该雷达引导"滑翔段拦截弹"实施拦截。

第三枚导弹拦截：采用"滑翔段－协同作战"模式，特点是拦截弹发射时和交战时，来袭导弹处于滑翔段并在"宙斯盾"舰载雷达探测范围内。"高超声速与弹道跟踪太空传感器"全程跟踪来袭导弹，并警示"宙斯盾"舰。"宙斯盾"舰依靠"高超声速与弹道跟踪太空传感器"探测数据，使来袭导弹在滑翔段进入本舰雷达探测范围后第一时间被捕获，"宙斯盾"舰遂行作战规划，发射"滑翔段拦截弹"并由本舰雷达引导实施拦截。难点是"高超声速与弹道跟踪太空传感器"与"宙斯盾"舰载雷达必须高度协同。

第四枚导弹拦截：采用"末段－协同作战"模式，特点是拦截弹发射时和交战时，来袭导弹处于末段并在"宙斯盾"舰载雷达探测范围内。与第三枚导弹拦截相似，来袭导弹在末段进入本舰雷达探测范围后第一时间被捕获，"宙斯盾"舰遂行作战规划，发射"标准"－6导弹并由本舰雷达引导实施拦截。难点在于，来袭导弹在末段会逼近航空母舰，对"高超声速与弹道跟踪太空传感器"与"宙斯盾"舰载雷达协同要求更高。

二、高超声速防御体系现状

根据美国2022财年国防预算，导弹防御局将继续发展高超声速分层防御能力，当前正基于现役"弹道导弹防御系统"，结合新研和升级改造等手段，构建高超声速防御体系，主要由预警探测系统、火力拦截系统、指挥控制系统组成，旨在对高超声速导弹构建全时、全程、全域防御杀伤链，预计在 2025 年之后具备初始防御作战能力。

预警探测系统包括天基预警探测系统和雷达探测识别系统，对高超声速导弹实现"从生到死"的全程预警探测，预计可覆盖射前准备、助推段、滑翔段和末段。其中，天基预警探测系统分为两部分：一是高轨导弹预警卫星，美国太空军正在开发"下一代过顶持续红外"（ORIP）预警卫星系统；二是低轨导弹预警卫星，美国导弹防御局正在开发"高超声速与弹道太空跟踪传感器"。雷达探测识别系统包括远程识别雷达和"宙斯盾"舰载 AN/SPY－6 雷达等，分别通过软件升级、模块重组等手段，扩展高超声速导弹探测能力。

火力拦截系统的发展重点是滑翔段拦截器和末段拦截器，计划配合构建高超声速分层拦截能力。针对滑翔段拦截器，导弹防御局正在新研"滑翔段拦截器"技术项目，未来计划部署于装有"宙斯盾"作战系统的驱逐舰上，因此同步升级改造现役"宙斯盾"作战系统。针对末段拦截器，导弹防御局正在新研"海基末段未来拦截器"、升级到增程型"萨德"系统等。此外，针对未明确分段的拦截器，导弹防御局在"高超声速防御武器系统概念定义"下重点探索 5 项方案，美国国防高级研究计划局（DARPA）正在开发"滑翔破坏者"项目，这些项目成果可能直接用于"滑翔段拦截弹""标准"－6 导弹等，将对高超声速分层防御能力形成有效支撑。

指挥控制系统的核心是"指挥控制作战管理与通信系统"（C²BMC），美国导弹防御局正在对其软件开发、通信能力、网络安全、计划编织器等关键功能及性能进行升级改造，拓展系统综合响应能力，以应对处于不同飞行阶段的高超声速武器。

三、基本研判

（一）美军推演高超声速防御杀伤链闭环可行性，为分层防御作战奠定基础

美军尚未形成高超声速防御作战能力，但在本次视频演示中验证了高超声速防御杀伤链闭环的可行性。"高超声速与弹道跟踪太空传感器"对高超声速助推滑翔导弹实施全程跟踪，并持续发送跟踪数据给"弹道导弹防御系统过顶持续红外架构"；"弹道导弹防御系统过顶持续红外架构"处理跟踪数据，创建导弹飞行轨迹；"指挥控制作战管理与通信系统"采集并处理全域要素形成最佳指导性防御方案，并上传到卫星通信层；"宙斯盾"系统接收方案指导和导弹飞行轨迹等，遂行作战规划，发射"滑翔段拦截弹"执行滑翔段拦截，发射"标准"－6导弹执行末段拦截。

（二）美军积极探索多种高超声速防御作战样式，以加快实战化进程

美军正在发展"高超声速防御武器系统概念定义""海基末段未来拦截武器""滑翔段拦截弹""滑翔破坏者"等原型机及关键技术项目等，以研究防御技术概念等为重点。但在本次视频中演示了"远程交战""远程发射""滑翔段－协同作战""末段－协同作战"分层防御作战构想，可以看出美军不再局限于高超声速防御概念和技术研究，开始同步注重探索高超声速防御作战样式，并设计出多种作战构想相结合的分层防御方案，向实战化运用迈进一步，企图加快高超声速防御技术的实战化进程。

（三）美军强调"战区级"高超声速防御构想，可能对对手国家的"远域慑阻"能力形成现实威胁

在2022财年的《太平洋威慑倡议》中，印太司令部明确要求处于第二

岛链的关岛防御系统应具备抵御弹道导弹、高超声速导弹、巡航导弹等先进威胁的能力，可见关岛将成为高超声速防御系统部署的关键区域。而美军在本次视频演示中强调，高超声速防御新构想重点针对"战区级"。为此可以推断，如果该套作战构想未来在关岛形成实战化运用，将压制对手国家的高超声速武器打击能力，对其在印太战区构建的"远域慑阻"能力形成现实威胁。

（中国航天系统科学与工程研究院　穆瑞芬）

英国首部《国家太空战略》解读

9月27日，英国政府发布首部《国家太空战略》（以下简称《战略》），围绕"维护英国太空安全"，为英国太空能力发展提供了较为详细的战略指导。《战略》以打造"太空大国"为目标，寻求大力发展太空经济，同时开始筹谋太空军事能力建设，一方面提出国防太空能力发展八大优先事项、加大太空军事技术研发投入等，强化自身太空军事能力；另一方面与盟友深化太空领域军事合作，形成联合优势。总体可见，《战略》加快英国太空军事化进程、"搭车"美国发展太空能力意图明显，客观上将加大英、美"捆绑"力度，对全球太空安全格局产生重要影响。

一、发布背景

英国脱欧后，视太空为提振经济、增强国家凝聚力的重要抓手。2020年，英国成立国家太空委员会，规划国家太空发展战略。2021年3月，英国发布《安全、国防、发展和外交政策综合评估报告》，对太空安全态势进行评估；4月，成立太空司令部，以"确保英国太空利益得到保护"；9月，发布《恶劣太空气候防御战略》，旨在提升应对恶劣太空气候风险的弹性。《战略》与上述举措一脉相承，从国家层面规划了英国太空战略目标和实施路线图，表明英国正为实现太空大国目标加速战略布局。

二、核心要点

《战略》与鲍里斯·约翰逊执政以来英国企图重振"帝国"雄风的强势姿态及亲美基调总体一致，以经济发展为核心，突出军事和科技两条主线，涵盖愿景目标、落实举措、支撑手段、优先事项等内容，要点如下。

（一）针对全球"太空经济蓬勃发展""新一轮太空竞争加剧"现状，以打造"太空大国"为战略目标

《战略》将"建设世界上最具创新性和吸引力的太空经济体"、打造"太空大国"作为战略目标。具体包括 5 个方面：一是发展太空经济，在地球观测、导航应用与服务、卫星宽带等"高增长领域"建立领导地位，支持在轨服务、轨道碎片清除等新兴商业太空市场；二是提升英国的"全球领导力"，与盟友合作制定"负责任地和平利用太空"指导方针，主导国际太空秩序的建立；三是借太空牵引科技创新，通过科技创新建立并保持英国的战略优势；四是提升英国"应对威胁"和"遏制敌对行动"的能力，通过加强太空系统的自动化水平和对外合作，提升太空态势感知水平，整合太空与其他作战域的协同能力，加强太空体系弹性，防止英国敏感技术被用于敌对太空计划；五是利用太空为公众提供更好的服务，应对全球挑战。

（二）多措并举谋产业发展，为发展太空经济提供全方位支撑

为抢占太空新兴市场，《战略》立足英国在太空领域的已有优势，聚焦

"高增长领域"，瞄准"新兴领域"，为太空产业发展提供全方位支撑。主要包括：一是发展"太空产业集群"，在英国境内建造 7 个航天发射场和涵盖卫星地面站、卫星应用卓越中心、航天中心、太空集群在内的 9 个太空活动中心，打造覆盖全国的"太空生态网络"；二是加大太空领域研发投入，设立太空高级研究和开发机构，建立哈韦尔国家卫星测试中心、韦斯科特国家太空推进测试中心等研发基础设施，通过"国家太空创新计划"推动太空赋能产品、技术与服务的开发，力争 2035 年成为"全球创新中心"；三是加强政府对太空活动的保障监管力度，确保频谱资源分配、监管许可符合国防和民用技术需求；四是启用新的动态采购系统，简化采办流程，提高政府采办效率等。

（三）立足"捍卫太空安全利益"，与以美国为首的太空盟友深化军事合作

《战略》以备战未来太空战争为牵引，以遏制威慑"潜在对手"为目标，提出加强与以美国为首的太空盟友合作。一是将太空作为作战域，通过《联合太空行动倡议》，加大与"五眼联盟"、北约国家在太空政策、能力发展、情报和作战方面的协作；二是通过美国主导的"奥林匹克卫士行动"，与美国等盟友同步发展太空能力，深化太空态势感知共享、资源协调和无缝合作；三是加强与联合国和平利用外空委员会、裁军审议委员会和裁军谈判会议的协调，通过国际军备和防扩散机制，遏制针对太空系统的"敌对活动"，包括在太空使用武器；四是加大与美国国家航空航天局、日本宇宙航空研究开发机构等的太空科技联合研发力度；五是加强英国太空领域出口管制，限制军用和敏感两用太空技术的转让，包括对运载火箭、卫星、有效载荷、太空相关产品部组件和地面段设备的限制，与盟友开展合作，加大对出口物项使用情况的国际监控力度。

（四）围绕"发展弹性太空能力和服务"，明确国防太空能力发展八大优先事项

一是卫星通信，未来 10 年投资约 50 亿英镑，用于"天网"－6 军事卫星通信计划，研究自由空间光学通信系统的军事和民事应用，研究新的波形和加密方法，以提供更好的端到端保护，提升英国全球卫星通信和信息交换的安全性和弹性；二是对地观测和情报监视侦察，开发小型情监侦卫星星座及支撑体系架构，同时投资对地观测数据基础设施和硬件开发能力，实现在全球各地都能收集对地观测数据和电子情报；三是指挥控制和太空能力管理，建立一个军用/民用国家太空作战中心，由英国太空司令部负责领导；四是太空控制，确保英国具备适当的太空控制系统和程序；五是定位、导航与授时，结合创新的地面和天基技术，对投资具有弹性的定位、导航与授时能力进行评估；六是轨道发射能力，在英国建造 7 个航天发射场，于 2022 年从本国发射场发射小卫星；七是在轨服务和制造，探索先进的在轨碎片清除服务、燃料补给和组装技术，随后过渡至在轨建造和修复卫星的能力，以及在轨生产燃料和物资的技术；八是太空态势感知，扩大现有的两用传感器和数据网络，增强对本国传感器进行任务调度的能力、感知太空天气的能力以及运用太空监视和跟踪数据的能力。

（五）着眼打造"超级科技大国"，加大对包括太空军事技术在内的太空科技研发投入

《战略》提出，未来 4 年继续加大科技研发投入，以获取"国防太空系列技术"，拓展英国国防科学技术实验室与政府、工业界、学术界和盟友伙伴的合作，并通过"国防科技太空计划"开展前沿项目，包括开发用于太空防御的新概念、新型太空态势感知技术等。此外，《战略》提出英国还将努力提升本国太空科学探索能力，继续同欧洲航天局合作开展火星探测等项目，通过美国主导的"阿尔忒弥斯"计划参与载人登月项目。

三、几点认识

（一）"潜在对手"暗指中、俄，以我为"假想敌"加快太空军事化进程

鲍里斯·约翰逊执政以来，英国在对华政策上具有鲜明的两面性，经济"示好"的同时，安全上却加大对我防范遏制力度。英军高官在公开场合曾明确表示，中、俄的太空活动对英构成"威胁"；英国2021年3月发布《安全、国防、发展和外交政策综合评估报告》，明确将中国界定为"系统性竞争对手"，并在南海问题上"串通"美国，公然向我发出挑衅。此次《战略》虽未明确太空"潜在对手"，但从言辞内容可以判断，其针对中、俄的意味明显。

（二）以"防御敌对行动""维护太空和平稳定"为由，寻求研制太空武器的道义借口

英国近年来在太空领域动作频频，不仅设置了太空司令部，出台报告对太空安全进行评估，发布国家顶层太空战略文件，而且提出未来将建立太空作战中心，发展太空防御技术。可以看出，英国已将太空明确为作战域，正为应对未来太空冲突积极备战，英国研制太空武器只是时间问题。此前，英国军方曾公开表示，鉴于中、俄"不断增加太空行动"，英国"应该发展同样的能力"。此次《战略》再次强调"潜在对手"的反卫星导弹、卫星干扰、网络攻击等手段对英国造成的"安全威胁"，实则是为英国启动太空武器研制做进一步的战略铺垫。

（三）加大对美国太空安全倚重力度，将强化美国主导的太空"反华联盟"

英国太空力量在成立时机和机构设置上与美国极为相近，《战略》提出的太空发展理念、发展构想、优先事项与美国太空力量发展模式高度契合。英国试图效仿美国太空军发展路线，借力美军发展自身太空力量，客观上将加大英、美"捆绑"力度，进一步强化英国在太空安全事务上"选边站"倾向。此外，《战略》明确提出强化太空领域出口管制力度，利用军控机制遏制太空"敌对行动"。

（中国航天系统科学与工程研究院　陈肖旭）

《美国太空优先事项框架》报告解读

2021年12月1日，美国白宫发布太空领域最新指导文件《美国太空优先事项框架》（以下简称《框架》）。《框架》是继2020年6月美国国防部发布《国防太空战略》之后又一份太空领域的重要战略文件。至此，美国政府与军方的太空战略体系已初步建立，这对美国后续在太空中采取行动有着明确的指向性意义和强大的政策性支撑。与《国防太空战略》相比，《框架》的着眼点更偏向民用和更广泛的太空存在，分析《框架》的内容有助于掌握美国在太空领域的最新动向。

一、发布背景

（一）太空对于美国保持全球领导力意义重大

美国的太空能力为其发展天基情监侦（ISR）能力、导航定位以及执行大规模复杂行动提供了理想的平台，增强了美国在全世界的影响力。太空行动扩大和深化了美国的国际伙伴关系，已成为美国长期依靠的外交手段和达成全球级别战略优势的途径。太空为美国国家安全提供支撑，保障了美国迅速应对世界各地危机的能力。基于以上背景,《框架》认为制定体系化、强势的太空计划,对于美国扩大联盟关系、巩固美军的太空军事存在有重要意义。

(二)太空是美国社会创新和机遇的重要源泉

太空衍生的数据、产品和服务为美国提供了切实的经济利益和经济机会,为美国经济发展和人民的生活方式提供了新的动力。来自太空的数据、产品和服务使部分美国企业找到了发展的突破口,并在制造、运输、物流、农业、金融和通信等产业部门创造了大量就业机会。美国依靠密集的卫星网络改善了人们的生活,提供作物产量、水资源和电网的太空监测,全球导航通信以及远程教育与远程医疗等服务。太空技术的开发也对美国企业的创新起到了推动作用,使美国公司在推动太空技术突破和太空应用部署等方面走在前沿。太空数据服务能够帮助美国政府管理国内资源,减少极端天气、自然灾害和气候变化的负面影响。

(三)拜登政府基本延续特朗普时期的太空政策思路

拜登政府上台以来在太空政策与战略领域少有表态。特朗普政府在任期间将太空领域视为政策重点,采取了恢复国家航天委员会、组建美国天军、美国太空司令部等一系列改革调整方案;而拜登政府于 2021 年 3 月宣布将继续保留国家航天委员会,维持其基本架构不变。近一年时间内,拜登政府仅发布一份《框架》文件,总体上延续了特朗普政府的太空政策思路。

二、主要内容

(一)建立并保持稳定、负责任的美国太空体系

《框架》指出,为了美国在未来继续掌控太空利益,需要在民用、商业和国家安全领域都建立并保持充满活力的太空体系，具体措施包括：一是保持美国在太空探索和太空科学方面的领先地位，美国将继续推动对月球、火星和宇宙其他地区的探索，继续推进与其他航天大国的合作，创建与新兴航天国家的新伙伴关系，也将继续利用民用太空活动来促进新的商业太空服务发展；二是利用庞大的卫星网提高对地球的观测能力，更好地应对气候变化，美国将通过公共、私营和慈善机构之间的合作，加快开发和利用地球观测系统，并承诺公开这些数据，支持全球的气候危机应对行动；三是完善太空政策和监管环境，提升美国商业太空机构整体竞争力，美国将厘清政府和私营企业的责任和义务，并建立能够及时响应的监管环境；四是保护与太空有关的关键基础设施并加强美国太空工业基础的安全；五是保护国家安全利益免受太空和太空对抗威胁；六是投资于下一代"太空人才"。

（二）加强美国在太空的可持续发展

首先，美国将继续加强对太空活动的全球治理，推动国际社会参与维护和加强基于规则的国际太空秩序。通过制定有助于太空活动的安全、稳定、安保和长期可持续性的新措施来寻求掌握太空规则的主导权。

其次，美国将加强太空态势感知共享和太空交通管理。白宫将继续分享太空态势感知信息，并向所有太空运营商提供基本航天安全服务。同样的，美国还将制定和实施开放、透明和可信的国际标准、政策和做法，为全球太空交通管理奠定基础。

最后，美国将优先考虑太空可持续性和行星保护。美国将与其他国家合作，尽量减少太空活动对外太空环境的影响（减少、跟踪和回收太空碎片等），避免对其他行星体产生有害污染。美国也将采取措施回收返回地球的航天器，避免其对地球造成生物污染。美国还将加强对潜在近地物体撞击的预警和应对。

三、几点认识

（一）美国政府希望借《框架》加强太空规则制定主导权

《框架》多次强调美国将与盟友一道带头制定全球太空活动的政策和监管制度、制定太空交通规则并加强太空的全球治理。拜登政府的太空领域战略目标仍是形成太空领域的长远绝对优势，强化国家战略与太空战略的统筹，保持美国在太空领域的绝对领导地位，持续推进国际合作和主导规则制定。

（二）《框架》体现了美国重点加强航天工业基础的重点政策考虑

近两年来，美国围绕航天工业基础进行了深入研究，发布了《2060 年太空对美国战略的意义》《2020 年航天工业基础现状》等报告。

（三）《框架》将成为太空行动合法化的政策依据

美国高度重视"法律战"。发布《框架》体现了美国试图利用现行规则，从而主导有益于美国太空霸权的规则制定。美国 2020 年《国防太空战略》将太空域定为新的"作战域"，声称美国在太空领域的技术、行动已经遭到竞争对手的威胁，并明确指示要将商业太空活动与军事太空活动捆绑发展。这些举措可以理解为将太空军事化的"硬手段"，而白宫发布《框架》则是使美国太空行动合法化的"软手段"。这一软硬结合的太空战略体系若得以成功实施，美国的太空行动将能够迅速开展，加剧太空领域的军备竞赛。全球战略平衡的不稳定性因素也会因此增加。

（中国航天系统科学与工程研究院　李薇濛）

美国斜爆震发动机取得重大突破

2021 年 5 月 10 日，美国海军研究实验室和中央佛罗里达大学对斜爆震发动机实验装置进行了测试，首次成功实现 3 秒稳定爆震波，打破以往微秒或毫秒量级时长纪录，初步验证斜爆震发动机产生持续动力的可行性。该发动机作为新概念发动机，可凭借其独特机理，显著提升当前高超声速巡航导弹飞行速度，还可为高超声速飞机、空天飞机等重大装备提供动力，实现更快的响应速度和进出空间能力。

一、本次试验情况

此次试验中，美国海军研究实验室和中央佛罗里达大学创新开发了一种特殊反应室，通过合理设置参数，在实验室条件下首次突破了斜爆震发动机爆震时长纪录，实现量级跨越，有力证明了稳定控制斜爆震波的可行性，为后续更长时间的测试奠定了坚实的技术基础。

该反应室名为"高焓高超声速反应装置"（图 1），由五个主要部件组成，按照轴向上的位置依次为：来流加热器、混合室、主燃料喷射段、收敛－扩张喷管和斜爆震燃烧室试验段。其中，斜爆震燃烧室试验段高度45毫米，长度仅有159毫米，远小于现有超燃冲压发动机燃烧室长度。在该试验段前端，研究人员设置了倾角30°、高度7.5毫米的斜坡。该斜坡即是此次试验成功的关键。

此次试验具体流程为：氢气和富氧空气在来流加热器中加热，产生高温来流，进入混合室，并由主燃料喷射段喷入氢气；经均匀混合后，进入收敛－扩张喷管，产生马赫数5的高超声速混合气流；气流进入斜爆震燃烧室试验段，冲击斜坡产生斜激波，该斜激波诱导产生斜爆震波；通过光学测量，斜爆震波稳定传播约3秒，未发生任何移动。为了对爆震过程进行光学测量，斜爆震燃烧室试验段一面由玻璃制造，但爆震波在试验中迅速侵蚀了玻璃，导致未能持续更长时间；如果用金属面代替玻璃面，爆震波将能持续更长时间。研究人员强调，如何在更可行的操作范围内维持更长时间的爆震波将更多是工程方面的问题。

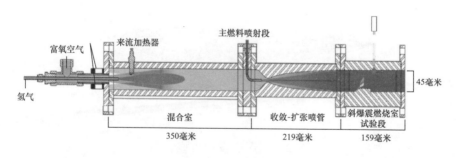

图1　"高焓高超声速反应装置"

二、斜爆震发动机概念及特点

爆震发动机是指燃料与氧化剂（外界空气或飞行器自带）混合在一起

并点燃引爆，只要两次爆炸之间的时间足够短暂，爆炸便可不断持续下去，类似于发动机的冲程，爆炸过程产生的高温高压燃气可形成非常强大的持续喷射气流，产生巨大的动力。爆震发动机主要包括脉冲爆震发动机、旋转爆震发动机、斜爆震发动机。

斜爆震发动机是在爆震发动机的基础上，在超高速飞行条件下用一个斜劈将爆震燃烧拴住，形成踏步跑的爆震燃烧，如图2所示。这类发动机结构形式与传统超燃冲压发动机相似，均与飞行器一体化设计。

斜爆震发动机主要由进气道、燃料喷注单元、燃烧室和喷管四部分组成。工作原理是：超声速来流经过飞行器进气道压缩后与喷入的燃料混合形成可燃混气，进入燃烧室后在楔形壁面上再次压缩并起爆形成斜爆震波，随后高温燃气在喷管内膨胀产生推力。由于空气来流必须超过一定速度后才能引发爆震，因此该发动机适用于飞行速度为马赫数7以上的吸气式飞行器。

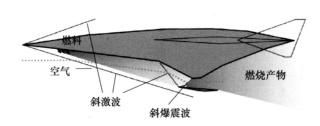

图2 斜爆震发动机概念图

斜爆震发动机主要有以下特点：一是可提供比传统动力更高的热力循环效率。斜爆震发动机燃烧过程近似等容，燃烧速率高，产生的高温高压燃气做功能力强。在航程一定的条件下，燃料消耗率更低，可节省大量燃料，显著提升有效载荷在武器系统中的占比。二是尺寸小、结构简单。与超燃冲压发动机相比，该发动机结构更简单，燃烧室长度更短，发动机可以做得更轻更小，热防护需求大幅降低，可适应多平台应用。三是以吸气模式工作，但无法在地面零速启动。该发动机无需携带氧化剂，使用空气作为氧化剂，适用于在大气层内飞行，但要求空气来流速度大于马赫数7，以满足发动机起爆要求，故该发动机不能在地面零速启动。其他爆震发动机可零速启动，但不适于极高马赫数飞行条件。

三、爆震发动机发展现状

在爆震推进研究中，脉冲爆震发动机研究开展得较早，但工程应用面临大量技术瓶颈，目前进展不大。近年来爆震推进研究重点集中在旋转爆震领域，斜爆震发动机是目前爆震发动机研究领域新的热点。

（一）斜爆震发动机作为新方向，正处于实验室测试阶段

斜爆震发动机理论最早于20世纪60年代建立。自20世纪80年代以来，美国、俄罗斯、加拿大、法国等均对斜爆震发动机开展了研究。期间，部分研究人员认为该发动机很难获得稳定爆震波，技术可行性不明显，因此该发动机的研究曾陷入低谷。但美国目前仍然在坚持发展该技术，以高校为主力集中开展稳定斜爆震波、持续燃烧等方面的技术攻关，当前处于实验室测试阶段。

（二）旋转爆震发动机发展相对较成熟，正处于面向工程应用的关键技术攻关阶段

旋转爆震发动机只需一次点火起爆，爆震波在环形燃烧室内连续旋转传播产生推力，可以火箭模式或者吸气模式工作。该发动机的研究最早可追溯至20世纪60年代，但进入21世纪之后才开始被广泛关注和研究。美国、欧洲、俄罗斯均开展了不同程度研究。2011年，欧洲导弹集团公司发

布基于旋转爆震发动机的超声速导弹系统概念。2016 年俄罗斯对世界首台液氧 – 煤油旋转爆震发动机样机进行了 33 次点火试验，实现连续爆震，发动机工作频率达 20 千赫，验证了该类发动机的技术可行性。2020 年3 月，美国国防高级研究计划局（DARPA）授出约 100 万美元的合同，要求研究基于旋转爆震发动机的远程打击导弹概念；9 月，美国空军在重点项目"经济可承受任务先进涡轮技术"中新增旋转爆震发动机研究，并将其列为"绝对拥有最高优先级"的动力。

（三）脉冲爆震发动机发展相对较成熟，但工程化研制并不顺利

脉冲爆震发动机需多次点火起爆，利用周期性爆震波产生推力，可以火箭模式或吸气模式工作。国外对脉冲爆震机理的研究始于 20 世纪 40 年代初。20 世纪 50 年代，美国对该发动机进行了可行性研究。2008 年，美国空军研究实验室在改装型飞机飞行期间启动脉冲爆震发动机，使其工作约 10 秒。2013 年，俄罗斯制造了一种两级脉冲爆震发动机样机并进行了长达 10 分钟的试验，发动机平均推力超过 980 牛（图 3）。2017 年，印度称已研制出脉冲爆震发动机样机，并成功对其进行液体燃料单管单次喷射爆震试验。2021 年 4 月初，俄罗斯联合发动机公司成功对其研制的脉冲爆震发动机试验样机进行了第一阶段试验（图 4）。虽然国外对脉冲爆震发动机开展了长期的研究，但因该发动机技术较复杂，且在后续的工程化研制过程中遇到了极大技术挑战，因此国外大部分研究机构已逐渐将研究重点转移至旋转爆震发动机。

图3　俄罗斯联合发动机公司的脉冲爆震发动机样机

图4　脉冲爆震发动机试验图片

四、几点认识

（一）各国通过不同技术途径攻关爆震发动机

通过国外取得的一系列进展可看出，各国正沿不同技术路线攻关爆震发动机。俄罗斯主要采取脉冲爆震发动机和旋转爆震发动机两条路线。美国重点采用旋转爆震发动机、斜爆震发动机两条路线。印度主要对脉冲爆震发动机开展研究。此外，日本、法国等国家也在分别研究脉冲爆震发动机和旋转爆震发动机，但并未获得显著进展。

（二）爆震发动机技术难度大，多项关键技术仍需攻关

自 20 世纪发展以来，爆震发动机推力水平及稳定性仍未达到实用化水平，还需解决大量技术难题。如宽速域、宽空域的爆震燃烧组织与模态转换问题，旋转爆震燃烧的非定常特性与发动机进排气系统耦合设计，高容热强度的爆震燃烧室热管理技术等。其中，斜爆震发动机难度最大，起爆后常常很难稳定持续，对试验条件极其苛刻，目前尚有成熟的试验条件对其开展整机试验验证。脉冲爆震发动机只有进行高频点火、起爆才能使用，对起爆装置要求极高，发动机进气系统还会直接影响起爆系统性能。旋转爆震发动机理论上只需一次点火就可连续燃烧，避免了高频重复起爆的难题，目前逐渐成为最受关注的爆震发动机，但其实用化仍面临流场结构复杂、压力分布不均匀等一系列问题。

（三）爆震发动机应用潜力大，可满足多平台应用需求

正如喷气发动机的问世打破了航空动力技术原有格局一样，爆震推进技术的成功将可能引领一个全新的空天飞行时代。爆震发动机一旦获得突破，可形成从低马赫数到超高马赫数的动力体系，可能率先用于超声速、

高超声速等宽速域巡航导弹、高超声速飞机等装备，远期可与其他发动机组合后满足未来空天飞机的动力需求。爆震发动机可凭借其高爆震燃烧速率，解决传统发动机无法进一步突破推进极限的问题，并以更低的燃料消耗率显著提升有效载荷在武器系统中的占比，带来武器装备的性能跃升。此外，有别于另外两种爆震发动机，斜爆震发动机可凭借其超高马赫数优势，进一步提高高超声速武器飞行速度，实现巡航导弹、飞机等装备的马赫数10级高超声速飞行，显著提升导弹飞行速度及突防能力、高超声速飞机的快速响应能力。理论上，该发动机能够使高超声速飞机巡航速度达到马赫数17左右。

（中国航天系统科学与工程研究院　特日格乐）

美国核热火箭动力技术发展分析

随着地月空间在军民商航天活动领域的战略地位不断提升，以美国为代表的航天大国，正在加速研发核热火箭发动机技术。2021 年 4 月，美国国防高级研究计划局（DARPA）在"用于地月空间敏捷响应的验证火箭"（DRACO）项目下，授予通用原子等 3 家公司核热推进技术研发合同，启动研制新型核反应堆和在轨验证航天器，支撑美军未来地月空间活动。

一、基本情况

（一）背景需求

2020 年至今，美国从白宫及其他政府机构发布多份针对空间核动力发展的战略文件，将空间核动力技术发展提升到全新战略高度。其中，《国家太空政策》（白宫发布）首次将空间核动力与推进作为单独章节，阐述了各政府机构推动技术研发应发挥的职能，强调使用空间核动力和推进系统保证美国可持续地开展月球探索，并为火星及更远的深空任务探索提供保障的目标；《六号太空政策令：关于空间核动力与推进的国家战略》（白宫发布）进一步明确了美国2030年前空间核动力与推进技术发展的战略路线图及时间表；《推进小型模块化反应堆用于国防和太空探索的行政令》（白宫发布）确立了核反应堆研究重点，要求能源部在3年内开发出可用于空间核动力系统的高丰度低浓铀生产技术，首次提出将可移动式微型核反应堆用于太空领域；《2021—2031财年能源太空战略》（能源部发布）强调了能源部将从科学、技术和工程等方面支撑美国空间核动力技术发展，并将空间核裂变推进系统作为其战略发展目标。

当前，随着美国对太空作战、载人深空探索等军民航天任务的不断推进，对航天运输系统、深空探测器、轨道机动飞行器等装备性能提出了更高的要求，传统化学推进或电推进动力系统已难以满足发展需求，核热火箭发动机兼具电推进动力系统的高比冲与化学推进动力系统的大推力优点，还具有高功率、长寿命等特点，作为航天运输系统末级或轨道机动飞行器的动力系统可大幅提高其性能，满足深空探索、轨道机动、长期在轨运行等需求。以载人火星探测任务为例，如果以传统液氢/液氧火箭发动机为动力，航天运输系统的总质量将达上千吨，往返时间在200多天，还需解决液氢低温推进剂长时间太空贮存、航天员长期太空飞行的健康保障和应急救援等问题。而如果以核热火箭发动机为动力，航天运输系统所带推进剂质量是传统火箭发动机的三分之一、飞行速度是传统火箭发动机的3倍，抵达火星的时间理论上可以缩短到60天。此外，核热火箭发动机比冲是化学火箭的3～5倍，可满足军用轨道机动飞行器大范围轨道转移/轨道机动需求，实现敏捷太空作战。

（二）基本原理

核热火箭发动机由推进剂贮箱、涡轮泵、涡轮、辐射屏蔽层、核反应堆和喷管等组成，通常以氢作为工质，主要利用核反应堆产生的能量直接加热并喷出工质产生推力，如图1所示。典型工作流程为：来自贮箱的推进剂经涡轮泵增压后，对推力室、辐射屏蔽层、喷管等组件进行冷却，同时吸收一定的能量对涡轮做功以满足泵的功率需求；涡轮后及少量涡轮前的推进剂全部进入核裂变反应堆被加热至高温，然后经推力室和喷管加速喷出产生推力。目前，固态堆芯反应堆的技术最为成熟，是目前人类掌握的唯一可控核能释放装置，具备应用于核热推进的可行性，因此目前核热火箭发动机反应堆均采用固态堆芯反应堆。固态反应堆的核燃料在堆芯中以固态存在，与陆地应用的核反应堆形态相同，燃料形状固定，可形成固定的推进剂流道，便于与推进剂进行传热，最高可将推进剂加热到约3000开（固态堆芯熔点）。

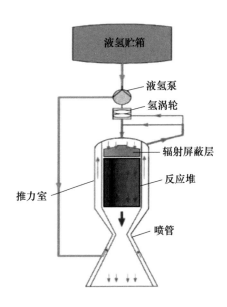

图 1　核热火箭发动机结构示意图

二、发展概况

（一）发展历程

美国曾在 20 世纪 50 年代开展过大规模的、以核裂变为主的核热火箭发动机技术研发，建造多个地面样机，验证了技术可行性。这些样机推力较大、堆芯功率密度和燃料最高工作温度较低，导致发动机的体积和质量大，总体性能指标不高，难以实现工程应用。美国 20 世纪 50 年代至 70 年代开展"核火箭开发计划"（ROVER）和"用于太空推进的核火箭发动机的研制计划"（NERVA），研发的火箭发动机推力可达 930 千牛、比冲 848 秒，可连续运行 109 分钟，反应堆热功率 4082 兆瓦，燃料温度约为 2550 开；于 1962—1972 年，开展了 6 次发动机地面点火试车，测试了工作性能，不断优化完善核热火箭发动机系统设计，具备了开展样机飞行试验的技术基础。20 世纪 80 年代末至 90 年代初，美国启动了"空间核热推进"（SNTP）计划，研究结构更为紧凑、推重比更高的核热火箭发动机，研制技术指标为推力 89～356 千牛、比冲 1000 秒、推重比 25：1～35：1，但该项目未进行地面演示验证就被终止。

（二）发展现状

21 世纪以来，在载人深空探索目标的推动下，美国重启核热推进技术研发，考虑到技术开发周期长、耗资巨大、风险高，为降低总体研制风险，近年来重点开展可用于小型核热火箭发动机的研究。

美国国家航空航天局（NASA）于 2013—2016 年以研发推力 73～110 千牛、堆功率约 500 兆瓦的核热火箭发动机为目标，开展了"核低温推进级项目"（NCPS），计划将核热火箭发动机用于执行月球飞掠任务和载人探火任务。主要基于 ROVER/NERVA 计划期间较为成熟的核燃料（石墨复合材料燃料和金属陶瓷燃料）开展了反应堆设计，并采取经济可行的技术验证路线，利用经济的非核试验手段，小规模开展了反应堆地面试验。此外，马歇尔研究中心还探索使用电弧加热的方式模拟核热火箭发动机堆芯的高温氢气环境，测试各种材料性能、可靠性、持久性等。2021 年 7 月，NASA 授予美国 BWX 技术公司、通用原子电磁系统公司、超安全核技术公司 1500 万美元合同，分三个团队分别开展可用于核热火箭发动机的核反应堆原型研发，并确立发动机及其子系统的性能要求，目的是使核反应堆的技术成熟度达到最终设计目标的 30% 保真度，并证明技术可行性，确定制造反应堆原型的成本和生产周期。

DARPA 为满足太空作战需求，支撑美军抢占并控制地月空间战略高地，于 2019 年启动了高丰度低浓铀核热火箭发动机研发项目"用于地月空间敏捷响应的验证火箭"，将用于提升轨道机动飞行器等航天器的快速机动能力。高丰度低浓铀（铀235 丰度 5%～20%）是美国在《推进小型模块化反应堆用于国防和太空探索的行政令》中明确提出要重点研发的新型核燃料，其反应堆功率水平与高浓铀基本一致，且不违反《不扩散核武器条约》。该项目将重点演示验证核燃料增材制造技术、在轨装配等关键技术，计划 2025 年开展在轨试验。2020 年 9 月，DARPA 授予美国格里芬技术公司 1400 万美元的合同，用于研发并验证高丰度低浓铀核热火箭发动机；2021 年 4 月，DARPA 授予通用原子公司 2200 万美元的合同研发核热火箭发动机的核反应堆，分别授予洛克希德·马丁公司和蓝源公司 290 万和 250 万美元的合同，用于研制演示验证航天器。

（三）发展重点

未来大功率深空探测器、长期载人深空探索等任务，对核热火箭发动机的功率量级、质量和体积、耐极端温度和辐射环境等都提出了更高需求。美国将重点发展以下方面：一是开发小型化、模块化系统。发展功率密度更高、体积和质量更小的核热推进装置，提高推重比；实现系统模块化组合，便于各模块独立试验，降低试验难度和研制费用。二是探索推进/发电双模式功能。通过附加发电模块，核热火箭发动机可实现推进/发电两大功能，既可直接用于动力推进，也可作为电源系统为载人生保、数据传输等供电，降低对太阳电池阵的依赖。三是发展新型核反应堆。发展固有安全性高、换料周期长、可批量制造、便于运输的小型模块化反应堆，进一步提高反应堆能量密度、降低应用成本。

三、几点认识

（一）核热火箭发动机将大幅拓展军民航天活动的深度和广度

核热火箭发动机可解决轨道机动飞行器灵活机动能力受限、难以远距离长时间太空机动的问题；克服航天运载器化学能源上面级运载能力和寿命有限、载人深空探索周期过长的困难；突破深空探测器动力性能不足、探索范围存在局限的瓶颈，被 NASA 视为改变游戏规则的航天技术。一旦实现应用，将高效支撑载人深空探索、地月空间利用、轨道战等各类任务，实现更高效的太空机动作战和航天运输能力。

（二）核热火箭发动机仍需解决多项技术难题

虽然美国核热火箭发动机经过长期发展，已达到一定技术成熟度，但仍在发动机、核反应堆和核辐射防护等方面面临挑战。发动机方面，传统化学火箭发动机的推力室改变为高能量的核反应堆，需要重新设计推力室和推进剂增压输送管路，且结构材料须承受2000℃的运行温度；反应堆方面，要解决复杂燃料元件和堆芯结构带来的设计挑战；核辐射安全防护方面，要寻求轻质的高性能屏蔽材料、优化全系统的辐射屏蔽结构，降低或屏蔽对航天员或者电子设备的核辐射；演示验证方面，核动力发动机测试时将排出放射性气体，如何通过开展地面非核试验进行替代，及安全开展空间点火试验，是亟待解决的问题。

（三）核热火箭发动机技术发展应注重经济性和可持续性

从美国核热火箭发动机的发展历程看，早期技术研发中为实现较高的技术指标，往往难以兼顾发动机工程应用的经济性和多任务适应性，导致难以实现应用。近年来，美国不仅在空间核动力系统相关政策文件上明确应采取风险小、经济性好的技术方案，并对空间核动力系统的安全性与可持续性提出极高要求，更加注重核热火箭发动机在载人深空探索以外的军事应用，将该技术与未来各项航天任务紧密联系，从而持续推动技术研发。

（中国航天系统科学与工程研究院　刘博）

国外重复使用运载火箭技术发展分析

重复使用运载火箭是实现可靠、经济、快速进入空间的重要技术途径，国外主要航天国家始终将其视为未来航天运载器的重要发展方向，从 20 世纪 60 年代起就已开展了研发和试验。近年来，在商业航天发射市场竞争日益激烈、载人深空探索步伐逐步加快、大规模太空装备部署运用需求不断升温的背景下，世界各国对航天发射成本、发射周期、火箭可靠性及运载能力都提出了更高要求，促进重复使用运载火箭技术发展进入全新阶段，其中美国率先取得突破性进展，实现了重复使用运载火箭成熟应用，大幅降低进入空间成本，引领俄罗斯、欧洲、日本等国家或地区相继开展研发活动。

一、国外重复使用运载火箭发展现状

近年来，主要航天国家提出了多个重复使用运载火箭研制项目或计划，重点研究领域集中于运载火箭级段或关键组件（如主发动机）的回收复用技术，主要采取了垂直起降重复使用、伞降回收式重复使用、有翼飞回重复使用三种技术途径。其中，垂直起降重复使用技术可实现高精度定点回收，但要预留返回过程所需推进剂，对火箭运载能力造成一定损失；伞降回收式重复使用技术难度低，但落点精度差，回收可靠性不足；有翼飞回重复使用技术回收地点灵活，但会改变火箭箭体气动外形，对箭体结构及火箭上升段气动特性有不利影响。不同技术途径在总体技术难度、关键技术成熟度方面存在差异，使得项目进展与发展态势差距明显。

（一）垂直起降重复使用火箭技术率先应用

垂直起降重复使用火箭主要通过在火箭子级上加装控制系统、着陆系统、导航系统等组件，利用火箭自身发动机在返回地球时多次重启进行减速控制、姿态调整及轨迹控制，最终在着陆时打开着陆系统实现垂直软着陆。

1. 美国垂直起降重复使用火箭典型方案

2010 年以来，美国 SpaceX 公司和蓝源公司相继开展了垂直起降重复使用火箭技术研究，应用了"猎鹰"－9 系列运载火箭和"新谢泼德"亚轨道火箭，其中重复使用"猎鹰"－9 火箭已常态化开展民商航天发射任务，并逐步拓展到军事发射领域；"新谢泼德"聚焦亚轨道旅游，已利用复用火箭开展 3 次载人亚轨道飞行活动。此外，为满足未来载人深空探索等航天发射需要，两家公司还在研发"超重－星船"运载器和"新格伦"火箭。

（1）"猎鹰"－9 系列。SpaceX 公司"猎鹰"－9 系列运载火箭包括"猎鹰"－9 和"猎鹰重型"两个型号，均具备重复使用能力。前者为两级构型，近地轨道最大运载能力 22.8 吨；后者在"猎鹰"－9 火箭基础上捆绑 2 个通用芯级，近地轨道运载能力 63.8 吨，是现役运载能力最大的火箭。两型火箭回收复用基本流程为火箭一子级或助推器飞行至轨迹最高点后，进行姿态调整与折返机动进入返回段，通过调整发动机推力大小和方向进行降落速度和轨迹的控制，并配合钛合金栅格翼气动控制装置、GPS 定位系统和着陆雷达等多种手段，最终打开着陆支架高精度垂直降落在陆地回收平台或海上平台，如图 1 所示。

"猎鹰" –9 于 2015 年 12 月实现火箭子级回收、2017 年 3 月实现火箭一子级重复使用，至今已实现 60 余次火箭一子级回收，单枚箭体最高复用次数最多已达 10 次，发射成本降低 30% 以上。"猎鹰重型" 火箭的 3 次发射任务均采用复用火箭执行，并全部回收捆绑助推器、成功回收 1 次芯一级。"猎鹰" –9 火箭不仅以不到 1 亿美元的均价获得太空军 5 颗 GPS –3 卫星发射合同，还在得到太空军批准后以重复使用型号开展其中 2 次，单次可降低 3200 万美元发射成本，推动美国太空军进入空间装备体系向重复使用运载器转变。

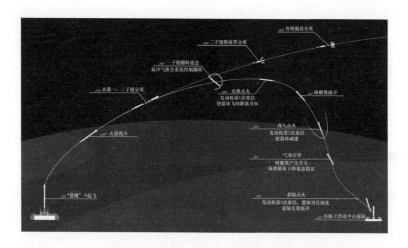

图 1 "猎鹰" –9 火箭第一级海上平台回收方案

（2）"超重 – 星船"。SpaceX 公司于 2016 年以殖民火星为目标，提出"星际运输系统"研制计划，之后经过多轮设计迭代优化，确定了"超重 – 星船"设计方案。"超重 – 星船" 由"超重"火箭和"星船"飞船组成，总高 120 米，起飞质量 5000 吨，低地球轨道运载能力 100 吨，可从陆地发射场或海上发射平台发射，两级均具备垂直起降、重复使用的能力。"超重"上部外侧装有 4 个菱形栅格舵，发射时处于收拢状态，回收时展开用于控制箭体姿态，下部外侧装有 6 个翼型支角，用于回收时进行气动控制及着陆时支撑箭体。"星船"上部和下部外侧分别装有两对气动翼、内侧装有 6 个可展开支脚，上下气动翼用于在大气飞行中进行箭体气动控制和姿态调节，可展开支脚用于着陆时支撑箭体。

2018 年，SpaceX 公司启动"星船"关键技术的演示验证工作，先后研制了"星虫""星船"MK、"星船"SN 三个系列的试验样机，成功完成了贮箱加压、低温推进剂加注和发动机静态点火试验，以及 150 米低空起降飞行试验；2020 年 12 月至今，"星船"SN 系列全尺寸样机进入 10 千米高空飞行试验阶段，经过推进剂贮箱增压失败、推进剂输送管路故障、发动机着陆点火失败等故障导致的多次爆炸事故，累积了大量试验数据并迭代改进箭体设计，最终在 2021 年 5 月成功实现软着陆。"星船"样机高空垂直起降试验轨迹图如图 2 所示。此外，2019 年底开始，"超重"BN 全尺寸样机也进入制造阶段，已成功装配 3 台"猛禽"发动机开展地面点火试验，计划 2022 年中与"星船"总装进行首次近地轨道试飞。

（3）"新谢泼德"与"新格伦"。蓝源公司"新谢泼德"由亚轨道火箭和载人舱组成，最大飞行高度 100 千米，旨在提供亚轨道太空旅游服务；火箭装有减速板、稳定翼进行姿态控制，利用一台发动机点火反推实现垂直软着陆，载人舱则在太空边缘短暂滑翔后，利用降落伞返回地面。自 2015 年"新谢泼德"首飞至今，蓝源公司不断提升火箭助推器的复用性能及热防护能力，载人舱设计也进行多次改进，共开展 19 次飞行试验，含 3 次载人飞行，同一枚火箭助推器最高复用 8 次，其重复使用技术也已趋于成熟。"新谢泼德"火箭助推器回收方案如图 3 所示。

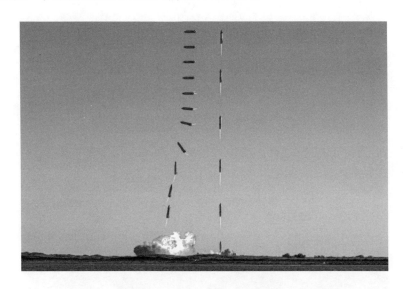

图 2 "星船"样机高空垂直起降试验轨迹图

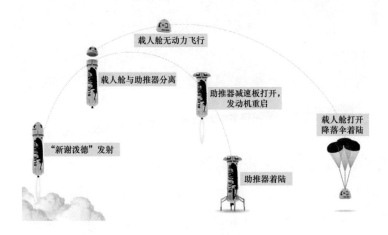

图 3 "新谢泼德"火箭助推器回收方案

2016 年，蓝源公司以美国第一位进入地球轨道的宇航员约翰·格伦命名并提出了"新格伦"重复使用运载火箭研制项目，旨在进军航天轨道发射领域。"新格伦"火箭为两级液体火箭，具备近地轨道45吨、同步转移轨道13吨的运载能力，还可通过加装上面级进一步拓展任务能力。"新格伦"一子级可垂直降落在海上平台实现重复使用（图4），设计复用次数达25次；其在设计上有多处创新，上部装有4个小型可旋转气动翼，在下落段可将箭体姿态逐步调整至竖直，发动机仅需一次点火即可实现回收，大幅减少返回所需推进剂；尾部装有两块较大且对称的气动板，有利于箭体再入和下降时的侧向稳定；同时还装有6个可展开着陆腿，任意一个失效后仍能保证成功着陆，提高了回收可靠性。目前该火箭仍在研制中，计划2022年底首飞。

图4 "新格伦"火箭一子级回收示意图

2. 俄罗斯垂直起降重复使用火箭典型方案

俄罗斯马克耶夫国家导弹中心曾在20世纪90年代提出"王冠"单级重复使用运载火箭，采用锥形外形，近地轨道运载能力7吨，但因资金问题于2012年取消。俄罗斯国家航天集团于2020年启动"阿穆尔"重复使用火箭研制工作，该火箭也称"联盟"–7火箭，计划未来逐步替代现役"联盟"–2系列火箭。"阿穆尔"采用两级构型（图5），各级均采用液氧–甲烷发动机，一子级设计可重复使用 100 次，二子级为一次性使用。火箭一次性使用时，近地轨道运载能力 12.5 吨，重复使用时运载能力为 10.5 吨。火箭一子级也装有气动舵和着陆支架以实现软着陆，返回时，火箭一子级中央发动机将重启 2 次，分别用于大气层中减速和软着陆；重复使用火箭回收后，初步维护将在回收现场进行，该场地将配备用于去除推进剂燃烧物的设备，通过特殊的接口连接软管，抽出甲烷和液氧燃烧后剩余的水蒸气。

"阿穆尔"计划 2026 年在东方发射场首飞，可通过重复使用保证每年 15 次的发射频率，单次发射费用仅 2200 万美元。目前，俄罗斯已成功研制火箭主发动机 RD–0169，正在开展一系列试验，火箭总体研制工作也由俄罗斯"进步"火箭中心持续推进。

图 5   "阿穆尔"火箭示意图

3. 欧洲垂直起降重复使用火箭典型方案

欧洲为实现下一代可重复使用"阿里安"火箭研制目标，由法国航天局和欧洲阿里安集团按照渐进发展思路分四个阶段开展垂直起降重复使用火箭技术研发，如图 6 所示。第一阶段研发"青蛙"小型垂直起降技术验证机，验证制导导航与控制（GNC）技术。"青蛙"直径 30 厘米、高 2.5 米、重 22 千克，底部装有喷管方向可调的涡轮发动机，机身中部沿周向有 4 个电控涡轮控制姿态，底部有 4 个具备减震机构的着陆支腿。该验证机在 2019 年开展了多次验证试验。第二阶段研发"卡里斯托"垂直起降缩比样机，验证火箭飞行轨迹、周转时间、地面维护和可重复使用次数等。该样机直径 1 米，全长约 15 米，采用 1 台推力可调的 40 千牛氢氧火箭发动机，装有栅格舵和着陆支架，计划在 2022 年底进行首次飞行验证，飞行高度约 30 ~ 40 千米。第三阶段研发"赛米斯"（Themis）全尺寸垂直起降样机，开展火箭一子级发射回收剖面飞行试验。该样机直径 3.5 米，全长 30 米，采用 3 台新型"普罗米修斯"液氧－甲烷发动机，计划 2025 年前完成系列试验，具备转入重复使用火箭工程研制的条件。第四阶段，即基于前期积累的垂直起降重复使用火箭关键技术，在 2030 年前研发形成下一代可重复使用"阿里安"火箭，以降低成本、提高国际竞争力。

（二）伞降回收式重复使用火箭进入试验阶段

伞降回收式重复使用技术指火箭通过在低空弹出箭体或箭体组件中的降落伞系统进行着陆，可配合飞机在低空进行抓取回收。该方案单项技术难度较低，但落点精度差，无法保证回收任务可靠性，在载人飞船返回舱、返回式卫星已广泛应用，但在重复使用运载火箭领域只进行了相关回收试验，未实现火箭重复使用。

伞降回收式重复使用火箭以美国火箭实验室公司的"电子"号火箭和

联合发射联盟提出的"火神"火箭为代表，前者目标是复用一子级，已开展了多次模拟样件回收试验；后者主要复用发动机组件，处于方案设计阶段。

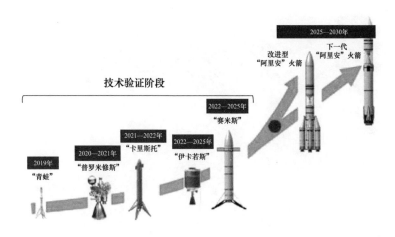

图6 欧洲垂直起降重复使用火箭发展路线图

1. "电子"号火箭

"电子"号火箭是美国火箭实验室公司研制的小型两级液体火箭，500千米太阳同步轨道运载能力为150千克，可选装一个小型末级形成三级构型，用于多星部署、提升卫星入轨精度或圆化卫星轨道。"电子"号主要执行商业微小卫星低地球轨道发射服务，也开始逐步承担美国国防高级研究计划局等政府和军方的试验载荷发射任务。

为进一步提高火箭发射频次、降低发射成本，火箭实验室公司于2019年提出了火箭一子级回收和重复使用计划。火箭一子级进行了适应性改造，安装了飞控计算机、S波段遥测设备、反作用控制系统等；一、二子级分离后，一子级启动姿控推力器将箭体翻转180°，在制导控制系统引导下再入大气并打开降落伞减速，利用翼伞滑翔至预定回收区域，最终利用一架直升机在空中抓取翼伞实现回收。目前，火箭实验室公司已开展了多次一子级结构件空中抓取试验，并在 2020 年底成功实现一子级受控海上溅落，完整回收火箭一子级，如图 7 所示。

图 7 "电子"号火箭一子级回收试验

2. "火神"火箭

2015 年，美国联合发射联盟公司为降低航天发射成本，实现美国主力大中型运载火箭动力系统的进口替代和自主可控，摆脱对俄制 RD－180 液氧－煤油发动机的依赖，应对美国 SpaceX 公司在美国政府和军事卫星发射服务领域的竞争，提出自主投资 20 亿美元研制新一代"火神"运载火箭。该火箭基本型为两级构型，可捆绑不同数量的固体助推器，构成多个型号，覆盖地球同步转移轨道从 4.7～18.5 吨不同有效载荷的发射需求。

该火箭通过"敏感模块自主返回技术"（SMART）方案实现一子级主发动机回收，其基本流程为：火箭一级完成预定飞行任务与上面级分离后，一级主发动机系统和贮箱脱离，随后利用自身携带的充气式热防护罩以高超声速再入大气层，到达一定高度后展开翼伞减缓下降速度，最终由直升机在空中抓取并实现回收，此后经过检测和维修可再次使用，如图 8 所示。联合发射联盟表示，其发动机组件成本占整个一子级成本的 65%，回收复用可使一子级推进系统成本降低 90%，且该方案将比回收火箭子级的方式更加简单也易于实现，计划 2024 年开展试验。联合发射联盟已与机载系统公司等商业公司联合开发用于空中回收系统的翼伞、抓钩结构、制导导航控制系统等。

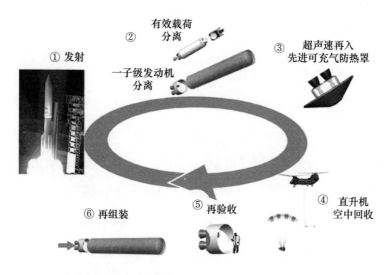

图 8 "火神"火箭一子级发动机回收流程示意图

（三）有翼飞回重复使用技术仍处于方案设计阶段

有翼飞回重复使用技术指火箭箭体采用带翼的飞行体气动构型，在发射分离、变轨制动后，可像飞机一样水平降落在地面跑道实现重复使用。该技术途径火箭再入飞回过程可控性较好，降落地点灵活，由于可类似无人机一样在跑道上水平着陆，避免了着陆瞬间承受巨大冲击，可防止箭体损伤；但需要在箭体加装机翼，对箭体结构及火箭上升段气动特性有不利的影响，若实现有动力飞行还需安装辅助的航空发动机系统，技术难度大。

20世纪末至21世纪初，美、俄、欧均提出了基于该技术方案的研究项目，如美国"重复使用助推器"（RBS）项目、俄罗斯"贝加尔"计划、欧洲"重复使用飞回式助推器"计划等，但均因技术和经费问题被取消或搁置，未开展飞行试验。近年来，欧洲提出了"艾德琳"和"空中火箭一子级捕获编队飞行验证"项目，但研制进展缓慢，较少公开相关信息。

1. "艾德琳"项目

欧洲空客防务与航天公司于2015年6月公布"艾德琳"研制计划。"艾德琳"将采用有动力飞回方式回收一级主发动机和箭上航天电子系统等关键部件，并使回收的系统重复使用10～20次。该公司希望2025—2030年将"艾德琳"用于欧洲未来骨干火箭，以降低20%～30%发射成本。

"艾德琳"由火箭发动机舱与火箭主发动机、航天电子系统舱、航空动力系统等组成，呈两侧带机翼的圆柱体结构，作为运载火箭第一级整体的一部分对接在第一级贮箱尾部，圆柱两侧的机翼上各装有一台涡桨发动机，机翼内可携带2吨航空燃料。执行发射任务时，运载火箭一、二级分离后，"艾德琳"携带火箭一级主发动机和电子系统与贮箱分离，下降过程中通过姿态调整进入返回段，再入大气层后抛掉涡桨前端的隔热罩，在适当高度启动涡桨发动机，此时"艾德琳"类似一架无人机，利用涡桨进行有动力航空飞行，并由导航系统引导飞回发射场，水平着陆，如图9所示。欧洲空客防务与航天公司早在2010年就开始了相关技术研制，计划2025年进行原型机首次试飞。

2. "空中火箭一子级捕获编队飞行验证"计划

德国宇航中心于2019年3月启动"空中火箭一子级捕获编队飞行验证"重复使用火箭计划，获得欧盟300万美元投资，将与瑞典等6个欧盟国家合作开展相关技术研究。该方案中，火箭一子级采用带翼构型，与上面级分离后无动力滑翔飞回，降至 2～8 千米高度时，由无人机利用"气动控制捕获机构"从空中捕获一子级并拖拽飞回地面水平着陆。该方案无需在箭体上加装过多辅助装置，可降低复杂性。

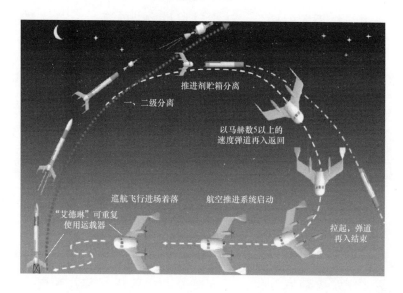

图 9 "艾德琳"可重复使用运载器回收方案

目前，该计划处于方案论证阶段，有望纳入欧洲航天局未来运载器准备计划，并在 2028 年前后达到 6 级技术成熟度，2035 年实现应用。

二、国外重复使用运载火箭关键技术发展现状

运载火箭要实现重复使用，需要解决组件或箭体从分离、再入大气、着陆或回收直至重复使用等各阶段面临的问题，主要涉及动力系统技术、热防护系统技术及箭体结构检测与维护技术。

（一）动力系统技术

动力系统是可重复使用运载火箭最主要的发展目标，指火箭在执行任

务后，通过回收包含发动机的级段或部件，对其检修和试验后实现发动机重复使用。目前，可重复使用火箭发动机技术已得到快速发展，部分型号已成熟应用。其中美国 SpaceX 公司研制的"隼"－1D 液氧/煤油发动机已成功应用于火箭复用发射任务。该发动机推力 756 千牛、节流范围 50%～120%，可在火箭一子级返回过程中实施 3 次重启反推点火，使下降速度从约 1300 米/秒降至约 2 米/秒，使火箭平稳着陆。蓝色起源公司研制的 BE－3 液氧/液氢发动机，可多次重复启动、推力在 90～490 千牛之间连续调节，不仅可实现助推器发射及着陆时反推减速，并因推力具备较大冗余度，可实现助推器着陆前悬停，该发动机也通过多次飞行试验验证了其复用性。

近期，美、俄、欧重点开展积碳低、冷却不结焦、更适用于重复使用的液氧－甲烷发动机研制工作，蓝源公司正在研制海平面推力 2400 千牛的 BE－4 液氧－甲烷火箭发动机，已完成发动机整机组装并开展了组件地面试验，未来将作为联合发射联盟新一代"火神"系列大型火箭和蓝源公司"新格伦"系列的芯级发动机；SpaceX 公司正在研制用于载人探火任务重型运载火箭的"猛禽"液氧－甲烷全流量分级燃烧循环发动机，该发动机海平面推力可达 3050 千牛，于 2016 年进行了 100 吨级缩比样机点火试验，2020 年至今在"超重－星船"样机上开展了多次地面及飞行点火试验。俄罗斯沃罗涅日化学自动化设计局正在研制 RD－0169 液氧－甲烷发动机，推力 850 千牛，可重复使用 100 次，具备深度节流能力，已进行缩比样机点火试验。欧洲空客赛峰集团和法国航天局国家太空研究中心正在研制的"普罗米修斯"液氧－甲烷发动机，以低成本、可重复使用为研制目标，成本预计仅为现有"阿里安"－5 火箭所用"火神"发动机的 1/10、可重复使用 5 次以上、推力达 1000 千牛以上，计划 2022 年进行点火试验。该发动机项目已于 2017 年被欧空局纳入"未来运载器筹备计划"中，2021 年选择阿里安集团作为主承包商，授予 1.35 亿欧元研发合同。

（二）热防护技术

运载火箭级段或部件外形多呈圆柱形，在高空高速分离再入大气时，将会受到比流线型的飞船更恶劣的气动热环境，空气会在箭体表面摩擦产生大量热量，因此需要可重复使用运载火箭具备热防护系统，抵抗再入过程中的超高温和烧蚀。

美国"猎鹰"－9 火箭一子级箭体贮箱与圆形端盖都采用轻型高强度铝锂合金制造，具有较高的比强度和比刚度，同时具有较好的成型工艺及耐高温性能；发动机罩也采用了特殊防热处理。在箭体再入过程中，箭体呈垂直下降姿态，发动机点火后，可快速降低再入速度，使箭体气动热相对降低，发动机罩和圆形端盖则用于承受发动机尾焰喷流和气动热，从而避免降低箭体内部气动冲蚀的可能。目前 SpaceX 公司正在重点研发"超重－星船"的热防护技术，其箭体采用 304L 不锈钢材料，在低温时强度高，比强度可达到甚至高于铝锂合金，且熔点高达 1480℃，是铝锂合金熔点的两倍以上，从而保证箭体结构强度并使箭体具备良好的热防护能力；同时，还基于不锈钢材料特性研制了特殊的发汗冷却热防护系统，可使箭体无需大面积粘贴额外的热防护材料，降低运载器干重的同时还进一步提升了复用便捷度。

美国"火神"运载火箭可重复使用发动机组件采用了降落伞回收方案，由于降落伞只能在低空展开，其再入过程中仍需要热防护系统抵抗气动热的作用。联合发射联盟已联合美国国家航空航天局（NASA）开展了充气式热防护罩技术相关研究，研发"高超声速充气式气动减速器"（HIAD），主要在发动机组件上部装有轻型、易折叠、自动展开的高超声速充气式气动减速器，展开直径可达 12 米，可抵抗质量达 9500 千克的发动机组件高超声速再入大气时的高温灼烧，且具备较低过载，保证回收组件不被气动热和过载破坏。

欧洲"艾德琳"采用的带翼返回方案中，由于带翼式重复使用运载火箭助推器在再入过程中其特殊的带翼外形将经历较大的气动热烧蚀，其迎风面、背风面、机翼前缘、尾翼等不同部位承受的气动热载荷不同，因此采用了利用防热罩包覆航空动力涡桨的方案，来避免热烧蚀，但尚未进行相关试验。

（三）箭体检测和维护技术

可重复使用运载火箭要实现快速重复使用及降低寿命周期维修费用的目标，在回收后需要对箭体进行相应的检测与维护，对其性能、可靠性等进行测试，以保证可以再次执行发射任务，复用周转周期已从早期的 4 个月缩短至 27 天。其基本检测维护过程：箭体回收后先被运回发射场内的水平装配厂房进行箭体全面健康检测，包括箭体烧蚀程度、发动机故障情况等；之后箭体运至得克萨斯州的测试中心，拆解发动机进行翻修与试验，并对箭体进行维护处理；最后将发动机与箭体装配并进行点火试验确定重复使用火箭可靠性。此外，箭体还要更换着陆支架、级间段分离火工品，并测试箭上电子设备。

三、影响与意义

（一）重复使用运载火箭将成为未来航天运输体系的重要组成部分

随着航天技术的不断发展，大规模军民商发射任务对低成本航天运载器的需求越来越迫切。以美国"猎鹰"-9 为代表的火箭已成功验证重复使用运载火箭低廉的发射价格和高频次的发射能力，该火箭 2021 年发射 31 次，复用火箭发射 29 次，复用火箭使用率达到 93.5%，标志着重复使用火箭已成为其航天运输体系的重要组成部分。此外，在各国政府及商业公司的推动下，重复使用火箭应用范围也在不断扩大，已从大中型火箭向更大的重型火箭、更小的小型火箭拓展，加速一次性火箭向重复使用火箭更新换代，按各国现有项目规划安排，预计 2025 年以后，全世界将有数 10 型重复使用火箭投入应用，未来航天运输体系将迎来实质改变。

（二）重复使用运载火箭将与卫星产业发展相互促进

近 10 年全球每年航天发射次数约 80 ~ 90 次，其中微小卫星发射数量逐步攀升，近 3 年来更占当年卫星发射数量一半以上，据相关机构预测到 2025 年，将有超过 2500 颗 100 千克以下的对地观测微小卫星发射升空，但过高的发射成本正在成为制约此类卫星进入空间频率和次数的主要原因。未来需要航天运输系统以更高频次、更低成本将更多有效载荷送入轨道，随着重复使用运载火箭技术的实用化进程不断深入，其可为"轨道革命""低轨卫星互联网"等大规模的空间应用部署提供重要前提，大量的卫星发射需求也将促进可重复使用运载火箭在发射准备周期、发射价格等方面持续优化。

（三）重复使用运载火箭将大幅拓展未来军事作战能力

重复使用运载火箭技术成熟运用后，不仅能支持各类航天发射活动，还将向武器装备发展，推动形成颠覆性作战力量。美国联合参谋部 2020 年提出利用重复使用火箭一子级作为高超声速武器助推器，不仅可降低成本，还能够在不受敌方防空系统影响的情况下，源源不断地把武器、传感器等发射至指定位置，直到把敌人的防空反导系统摧毁。美国空军 2020 年联合 SpaceX 公司启动"超重 – 星船"点对点运输概念设计，在 2022 财年预算文件中，进一步提出"火箭货运"项目，并将其列入"先锋"计划，将通过快速原型开发和演示验证加快技术突破，实现 1 小时内经由太空向全球投送 100 吨战需物资的目标，大幅提升美军海外作战的后勤保障能力。

（中国航天系统科学与工程研究院　刘博）

国外亚轨道飞行器发展分析

2021 年 7 月 11 日，英国"太空船二号"亚轨道飞行器首次搭载 6 人飞行至 86 千米高度，实现数分钟失重；20 日，美国"新谢泼德"亚轨道飞行器首次载人飞行，将 4 名乘客送入 100 千米高度。8 月，德国国防部授出合同，要求研究"极光"亚轨道飞行器用于军事侦察的可行性。上述动向表明，采用不同技术路线的部分亚轨道飞行器已趋于成熟，正逐渐进入初步应用和应用探索阶段。

一、基本情况

亚轨道飞行是指飞行高度接近或到达太空边界①的飞行任务类型，位于该高度上的乘客仍然可以观赏到地球的全貌并体验失重飞行。相比于载人航天器，亚轨道飞行器无须入轨，再入飞行的气动力、热防护要求较载人

---

① 关于太空边界，美国联邦航空管理局和国家航空航天局定义为 80.4 千米，国际航空联合会定义为 100 千米。

航天器的低，大大降低了亚轨道飞行器的研发难度和成本①。除了用于载人之外，亚轨道飞行器还可作为两级入轨飞行器的第一级，发射上面级，由上面级执行卫星部署任务。美国、英国、俄罗斯、日本、德国等国家很早就对亚轨道飞行器开展了研究，21 世纪初以来启动了多个专项，见附件 1。这些项目多数由私人公司开发，并受到政府资助，其中美国和英国处于较领先地位，已进行大量亚轨道飞行。

（一）美国曾探索多种亚轨道飞行器，仅垂直起降飞行器进入商业应用阶段

美国对各类起降方式的亚轨道飞行器开展了技术探索。水平起降方面，包括 2008 年 XCOR 公司启动的"山猫"飞行器和 2016 年美国空军提出的基于"佩刀"发动机的可重复使用第一级；垂直起飞水平降落方面，包括 2013 年 DARPA 启动的"试验型航天飞机 – 1"（XS – 1）；垂直起降方面，包括 2015 年蓝源公司提出的"新谢泼德"飞行器，该飞行器由美国国家航空航天局通过"飞行机会"计划资助。

通过长期技术探索，美国积累了大量技术成果。但期间，部分项目因技术、资金、技术指标过高等问题被迫终止，包括"山猫"飞行器自 2011 年进行发动机测试之后未按期开展样机试飞，公司也因资金问题于 2017 年破产。XS – 1 在 2019 年对主发动机进行了 10 次点火试验，验证了其作为重复使用第一级的可行性，但因资金等问题，于 2020 年初被迫终止。基于"佩刀"发动机的可重复使用第一级自 2016 年被提出后，少有研发进展被披露。美国目前发展较好的、取得重大突破的是"新谢泼德"。

---

① 王开强，张柏楠. 商业载人亚轨道飞行器发展现状与趋势分析. 航天器工程，2020 年 2 月。

（二）英国坚持发展水平起降亚轨道飞行器，已接近商业运营

英国人投资创办的维珍银河公司长期坚持发展"太空船二号"水平起降亚轨道飞行器。该飞行器还得到了 NASA "飞行机会"计划的资助。

维珍银河公司自 2004 年建立以来，开发了 2 架"太空船二号"，进行了大量发动机试验和飞行试验，但其商业运营却因 2007 年的发动机事故、2014 年的第一架飞行器空中解体和人员丧生等事故，不得不长期延期，安全可靠性受到广泛质疑。经过飞行器稳定控制系统、软硬件的改进，第二架"太空船二号"在 2018 年成功复飞，在 3 年时间内成功完成 7 次动力飞行试验。维珍银河公司计划 2022 年第三季度开启商业运营。截至目前，已经有 600 人购买"太空船二号"太空旅游机票。

（三）德国曾开展长期探索，水平起降亚轨道飞行器验证机已完成首飞

德国航空航天中心自 2006 年就已开始探索亚轨道飞行器，提出研发"航天班机"垂直起飞、水平降落亚轨道飞行器（图 1），用于亚轨道人员运输，并得到了欧洲 FAST20XX 计划的支持。该项目中，共 6 个国家的 10 家单位参与进行了 3 年的概念研究工作；2015 年，德国航空航天中心制定了详细发展规划，计划 2035 年生产 6 架样机进行试飞；2017 年该项目进入初步概念评审阶段。但该项目因应用场景单一等问题，后续未得到欧盟的资金支持，至今也未见进一步发展。

同时，德国航空航天中心于 2015—2018 年进行了"极光"水平起降飞行器的概念研发（图 2），用作两级入轨飞行器第一级发射卫星，以及独立开展亚轨道运输任务。"极光"亚轨道飞行器采用喷气发动机和火箭发动机，可水平起飞，并在跑道上水平着陆。为进一步深入研发并商业化，德国航空航天中心还授权成立了北极星航天飞机公司，要求其继续研发。2020 年 4 月，该公司对"极光"亚轨道飞行器的缩比飞行器进行首次飞行

试验。在德国航空航天中心的资助下，北极星航天飞机公司计划分步实现以下目标：第一步，通过缩比飞行器，验证亚轨道飞行器关键技术；第二步，实现可发射小卫星的两级入轨飞行器，"极光"飞行器作为第一级；第三步，实现亚轨道载人，开展人员培训、亚轨道旅游等；第四步，实现飞行器的单级入轨，用于人员和货物航天运输。

图1　"航天班机"飞行概念图　　图2　"极光"飞行器概念图

（四）日本同时发展垂直起飞水平降落和水平起降飞行器，尚未取得实质进展

日本的亚轨道飞行器主要由初创公司研发，由日本宇宙航空研究开发机构（JAXA）支持发展。日本PD航空航天公司曾在2007年尝试开发水平起降的PDAS-X系列亚轨道飞行器，动力采用当时在国际上还未取得重大突破的脉冲爆震发动机，技术方案先进，但难度大，导致其进展缓慢，2017年对其发动机燃烧室进行了测试，后续未见实质进展。同年，日本太空漫步者公司成立，计划分三步发展3型"太空漫步者"亚轨道飞行器：第一步，面向科学实验任务，开发垂直起飞、水平降落的飞行器，计划2024年首飞；第二步，面向小卫星发射任务，同样开发垂直起飞、水平降落的飞行器，但该飞行器需携带上面级，到达亚轨道，并由上面级部署卫星，预计 2026 年首飞；第三步，面向太空旅游，开发水平起降亚轨道飞行器，预计 2029 年首飞。但这三型飞行器目前均未见实质进展。

二、技术方案分析

（一）总体性能指标

国外发展亚轨道飞行器主要用于太空旅游，或用作两级入轨天地往返飞行器第一级，执行小卫星发射任务等。总体指标方面，国外亚轨道飞行器的最大飞行高度在 80 ~ 120 千米范围内，最大马赫数约在马赫数 3。大部分亚轨道飞行器设计为载人，飞行员数量 0 ~ 2 人，乘客 2 ~ 6 人。其中，"新谢泼德"飞行器无需飞行员，可全程自主飞行。

（二）气动构型

国外亚轨道飞行器主要采用面对称气动外形和轴对称气动外形，并以面对称气动外形居多。

采用面对称外形的飞行器在飞行返回时可在预定机场水平着陆，飞行轨迹较平缓，水平着陆冲击较小，乘客舒适度更高，如英国"太空船二号"、德国"极光"亚轨道飞行器和日本"太空漫步者"。

采用轴对称外形的飞行器在返回时以垂直着陆方式返回，着陆冲击较大，舒适性较差，但可充分使用已有运载火箭和飞船的成熟技术，综合成熟度高。目前仅有美国"新谢泼德"采用此类外形。

（三）起降方式

从早期探索和当前的进展来看，水平起降方式是多数国家优先选择的起降方式。

水平起降方面，飞行器可独立从地面水平起飞和爬升，水平着陆，包括美国基于"佩刀"发动机的可重复使用第一级、德国"极光"、日本"太空漫步者"。直接从地面水平起飞的方式可有效利用空气中的氧气，无需自带氧化剂，减轻飞行器重量，但对动力的要求极高，现有动力还尚不能实现飞行器水平起飞和爬升至亚轨道。因此"太空船二号"利用载机进行水平发射，即由"白色骑士二号"双机身喷气式飞机从地面携带至 15～20 千米左右高度，并与载机分离后，启动自身的火箭发动机继续爬升至亚轨道。载机能够为亚轨道飞行器提供一定的初始速度和高度，以降低飞行器的动力要求。但这类方式的系统复杂度高，空中发射和分离技术难度也较高。

垂直起降方式，如"新谢泼德"，采用了传统火箭的发射方式，飞行器在发射架上直接进行垂直发射，技术成熟度相当高，安全可靠性强，但在低空飞行过程中无法利用大气中的氧气，飞行效率较低。返回时，"新谢泼德"的助推器在地面垂直着陆实现回收，其乘员舱则打开降落伞实现着陆。

垂直起飞水平降落方面，目前有日本的"太空漫步者"。这类飞行器可用于发射卫星，如携带上面级后，在亚轨道与其分离，并由上面级继续爬升并将小卫星发射入轨。此外，该类飞行器还可用于载人亚轨道旅游。

（四）动力技术

国外亚轨道飞行器采用的主流动力是火箭发动机，此外还包括美国和德国正在为该飞行器开发组合循环发动机，日本正在探索脉冲爆震发动机。

火箭发动机方面，采用液体火箭发动机的居多，其次为固液混合火箭发动机，如英国"太空船二号"。液体火箭发动机技术成熟度高，安全可靠性强，已多次应用于火箭发射。混合火箭发动机兼顾了固体燃料和液体氧化剂的优点，但可靠性有待提高。"太空船二号"的燃料为固体端羟基聚丁二烯，氧化剂采用液态一氧化二氮。

组合动力方面，美国采用了英国"佩刀"发动机，该发动机为涡轮发动机、火箭发动机和冲压发动机有机组成的组合循环发动机，尚处于技术攻关阶段。德国"极光"亚轨道飞行器采用了自研的喷气发动机与火箭发动机组合而成的组合循环发动机，但仍处于探索阶段。组合动力技术未来前景良好，但技术难度很大，离实用化还有很长的一段距离。

（五）减速控制技术

亚轨道飞行器返回地面时采用的减速控制方案与其飞行器外形有较大的关系，减速方式一般包括气动力减速或利用空气舵减速、反推火箭减速和伞降方式减速等。前者减速缓慢，可一直减速，后者要求快速减速，适用于类似火箭的垂直着陆。

"太空船二号"充分利用了气动力减速技术，将尾翼设计为可旋转结构，在尾翼水平时进行正常飞行和爬升，在旋转至竖直状态后，实现阻力面积的增加，从而增加了飞行器的减速效果；"新谢泼德"的助推器则使用可展开式的减速板，使其在助推器发射和上升过程中处于收缩状态，在返回时展开，以增加阻力面积，实现减速，而其乘员舱采用伞降方式减速和降落。

三、几点研判

（一）两级入轨和亚轨道旅游将是亚轨道飞行器重要应用方向

根据亚轨道飞行器的发展情况，该类飞行器目前仍以商业应用为主[1]。

---

① 虽然德国等国家在探索军事应用潜力，但是亚轨道飞行器的军用潜力与现有装备相比，仍不明显。

从国外的情况来看，一般政府资助或牵头开展的亚轨道飞行器项目均以两级入轨飞行器第一级为主要应用，目的是利用两级入轨飞行器执行卫星部署任务，以显著降低当前火箭发射卫星的成本。从技术本质来看，火箭发射需要专门的发射场和发射架，发射前要做大量的准备工作。采用吸气式发动机和火箭发动机的亚轨道飞行器携带上面级后，可在跑道上水平起飞，发射更灵活，响应速度更快，且可以携带更少的氧化剂完成卫星部署任务。返回地面后经过一定的维护，仍可继续参加后续任务。除了发射卫星之外，还可以发射空间机动飞行器等可长期在轨飞行的飞行器，应用范围进一步扩大。因此，在低成本发射成为各国长期追求的目标背景下，两级入轨将是亚轨道飞行器必将投入应用的重要领域。

此外，商业公司提出发展的亚轨道飞行器大多还以亚轨道旅游为应用背景。"太空船二号"和"新谢泼德"飞行器的票价虽然非常昂贵，但仍然有一部分群体愿意支付巨额费用来冒险探索亚轨道旅游，这也从侧面印证了亚轨道旅游可能带来的市场潜力。

（二）亚轨道旅游业务若全面运营，将带来诸多监管问题

未来，在商业公司的大力推动下，亚轨道旅游一旦全面开放和运营，将直接冲击现有航空和航天监管制度，引发新的政策挑战。一是亚轨道飞行器的飞行区域既不属于航空，也不属于航天，属于临近空间区域。在这一区域，不可能单独使用航空监管制度或航天监管制度。如何有效利用航空航天监管制度，提出适用于亚轨道飞行的新监管制度将是迫在眉睫的首要挑战。二是在亚轨道旅游热潮的推动下，可能会不断有商业公司尝试亚轨道旅游业务，如何界定和明确商业公司的准入条件将是面临的另一个挑战。三是从政策或者法律法规的角度如何保障乘客的安全，以及如何建立健全飞行器安全标准规范也将面临极大挑战。

（三）亚轨道飞行器研制周期长，技术难度大，"政府资助、企业探索"的模式将是首选

纵观国外亚轨道飞行器的发展过程，其研制周期非常长，动力技术难度大，部分项目常常因技术问题或者资金短缺等而终止。那些得到政府长期资助的项目，具有明确的应用牵引和长期的资金投入，较好地保证了亚轨道飞行器的可持续发展。因此，为了鼓励商业力量积极探索和创新亚轨道飞行器技术，政府应当对其开展持续的资金投入和需求指导，以保证亚轨道飞行器技术的稳步发展。

（中国航天系统科学与工程研究院　特日格乐）

附件1

国外主要亚轨道飞行器项目情况

外形分类	国家及机构	启动时间	飞行器	起飞方式	着陆方式	飞行高度	发动机	燃料	载人数量	状态	重大里程碑
面对称气动外形	美国XCOR公司（已于2017年破产）	2008年	"山猫"（Lynx）（太空旅游+科学实验）	水平起飞	水平着陆	超过100千米	气动活塞液体火箭发动机	液氧煤油	2名乘员	结束	—
	DARPA	2013年	"试验型航天飞机-1"（XS-1）	垂直起飞	水平降落	亚轨道	AR-22火箭发动机	液氢液氧	无人	已取消	2018年，发动机成功进行10次连续点火试验，验证发动机重复使用能力
	美国空军研究实验室	2016年	基于"佩刀"发动机的可重复使用第一级	水平起飞	水平着陆	80~100千米	"佩刀"发动机	液氢液氧	无人	未见后续公开报道	—
	英国维珍银河公司	2006年	"太空船二号"	载机携带，水平起飞	水平着陆	110千米	混合火箭发动机	固体端羟基聚丁二烯燃料和液态一氧化二氮氧化剂	2名飞行员，6名乘客	在研	成功开展多次载人动力试飞，2021年7月首次搭载6人进行亚轨道飞行

续表

外形分类	国家及机构	启动时间	飞行器	起飞方式	着陆方式	飞行高度	发动机	燃料	载人数量	状态	重大里程碑
面对称气动外形	德国航空航天中心	2006年	"航天班机"两级亚轨道飞行器（亚轨道高超声速运输）	垂直起飞	第一级采用飞机空中捕获方式着陆，第二级水平着陆	80千米	液体火箭发动机	液氢/液氧	50~100人	未见后续公开报道	—
		2015年	"极光"亚轨道飞行器	水平起飞	水平着陆	亚轨道	喷气/火箭组合发动机	无毒燃料	无数据	在研	2020年4月首个演示验证飞行器STELLA首飞
	日本太空漫步者公司	2017年	"太空漫步者"（科学研究）	垂直起飞	水平着陆	120千米	液氧甲烷发动机	—	—	预计2024年首飞	—
			"太空漫步者"（发射小卫星）	携带上面级垂直起飞	水平着陆，上面级入轨	上面级700千米	液氧甲烷发动机	—	—	预计2026年首飞	—
			"太空漫步者"（大空旅游）	水平起飞	水平着陆	120千米	液氧甲烷发动机	—	2名飞行员，6名乘客	预计2029年首飞	—

续表

外形分类	国家及机构	启动时间	飞行器	起飞方式	着陆方式	飞行高度	发动机	燃料	载人数量	状态	重大里程碑
面对称气动外形	日本PD航空航天公司	2007年	PDAS-X07/08/09亚轨道飞行器	水平起飞	水平着陆	110千米	火箭/喷气双模式脉冲爆震发动机	—	6名乘客,2名飞行员(PDAS-X08)	预计2024年运营	2017年对脉冲爆震发动机的燃烧室进行了测试
轴对称气动外形	美国蓝源公司	2015年	"新谢泼德"(亚轨道旅游)	垂直起飞	垂直着陆	100千米	BE-3液体火箭发动机	液氧/液氢	6名乘客,无飞行员	已飞,商业运营	2021年7月进行首次载人飞行

美国 2022 财年预算案航天运输系统发展动向分析

2021 年 5 月底，美国政府对外公布其 2022 财年预算案，美国国家航空航天局、空军和太空军等机构预算中涉及航天运输系统的预算总规模约为 73.15 亿美元，其中涉及新技术研发和新能力建设的前沿项目预算经费大约为 2.5 亿美元，虽然占比不高，但隐含着趋势和动向。本文通过对美国航天运输系统前沿项目的预算情况简要分析，总结其航天运输领域潜在方向，为未来技术和装备发展提供参考。

一、美国航天运输系统技术研发项目预算分布情况

美国 2022 财年预算案中 NASA 和空军（含太空军）的航天运输系统项目预算最多，前者是以满足空间探测活动及国际空间站运行为主要目标，后者是以保证军事载荷可靠进入空间为主要目标。相应的，NASA 和空军航天运输系统前沿项目的预算相对较高，分别为 9700 万美元和 1.16 亿美元。DARPA 作为国防部的预研机构，也有 3700 万美元预算涉及航天运输，相关

前沿项目预算情况见表1。

表1　美国航天运输系统的前沿项目预算

机构	项目	预算/万美元	合计/万美元
NASA	低温流体管理	8400	9700
	充气式减速器低轨飞行试验（LOFTID）	1300	
空军（含太空军）	国家安全太空发射（NSSL）新能力投资	3687	11603
	火箭推进技术	1504.6	
	航天和导弹火箭推进	1621.4	
	火箭货运	4790	
DARPA	"用于地月空间敏捷响应的验证火箭"（DRACO）	3700	3700
合计			25003

（一）NASA 预算

NASA 在航天运输系统前沿项目的预算申请为9700万美元，重点关注低温推进剂在轨管理和重复使用技术验证。

1. 低温流体管理

NASA"低温流体管理"项目2022财年预算8200万美元，重在开发低温推进剂的在轨管理技术，包括主被动热控技术、贮箱压力控制、贮箱间推进剂转移技术等。上述技术对于执行深空探测任务的航天运输系统至关重要，长达数月甚至数年任务周期对系统的要求，远超目前低温推进剂在轨管理技术的能力。

2020年，NASA 在"临界点"计划下为 SpaceX、联合发射联盟（ULA）、洛克希德·马丁等4家承包商提供总价值2.56亿美元的合同，在

未来 5 年时间内开展低温推进剂管理技术在轨验证。2020 年财年末，NASA
"渐进低温推进剂"项目成功验证了新型贮箱的推进剂在轨储存性能，采用
多隔热层和蒸发冷却通道等新技术大幅降低推进剂蒸发量，同时利用蒸发
气体替代原有的增压系统和姿控系统，能够有效提升运载火箭性能，支撑
近地轨道以远的深空任务。

2. 充气式减速器低轨飞行试验

NASA 和联合发射联盟公司合作开展的"充气式减速器低轨飞行试验"
（LOFTID）项目预算为 1300 万美元，目标是验证前沿交叉领域的大气层再
入减速伞和热防护技术，潜在应用包括 ULA 公司"火神"火箭的一子级发
动机部段回收方案，火星着陆飞行器的再入减速和热防护，以及空间在轨
制造产品返回地面的运输过程。LOFTID 项目在 2021 年完成了硬件制造，并
持续开展多项系统测试，计划在 2022 年 9 月作为"宇宙神"5 火箭的次要
载荷进行飞行验证。在主载荷入轨后，由"宇宙神"5 火箭的"半人马座"
上面级控制 LOFTID 离轨。再入大气层之前，减速伞充气后形成伞状充气结
构，再由"半人马座"上面级辅助完成再入前的定向和自旋。LOFTID 充气
式减速伞直径为 6 米级，而未来用于火箭部段回收的充气式减速伞直径需要
达到 12 米以上。

3. 核热推进

NASA 在 2022 财年的预算案中明确提出，不打算继续支持核热推进技
术的研发。NASA 认为通过从 2019 年财年启动的核热推进方案研究，已经
对其优劣势及风险进行了充分评估，认为低温推进剂在轨管理技术是目前
制约核热推进技术的主要瓶颈，所以暂停核热推进相关的研究，聚焦到
"低温流体管理"项目上。

（二）空军（含太空军）预算

空军航天运输系统的前沿项目重点围绕推进技术，包括"国家安全太空发射"（NSSL）计划下的新能力投资，以及"火箭推进技术""航天与导弹火箭推进"两个项目下专门用于火箭发动机前沿技术研发的投入。另外，空军在2022财年中新增"火箭货运"项目，提出利用重复使用火箭实现军事物资的快速投递。

1. NSSL 新能力投资

为保证美国进入空间领先地位，NSSL计划从2021年增设了"新能力投资"项目，2022财年预算为3687万美元。该项目将持续到2026财年，聚焦先进进入空间能力和发射服务的机动性等方面。2021年，空军在该项目下向蓝源、火箭实验室、SpaceX和联合发射联盟4家公司提供总价值8730万美元的合同，开展液氧甲烷发动机快速节流和重启、甲烷燃烧稳定性分析、上面级低温推进剂管理、上面级上行链路指控等方面的研究。

2. 火箭推进技术

空军的"火箭推进技术"计划下包括"液体发动机燃烧技术""先进液体发动机技术"和"在轨推进技术"3个项目，2022财年总预算为1504.6万美元。

"液体发动机燃烧技术"预算708.2万美元，重点关注液氧甲烷发动机的多喷注器设计和燃烧稳定性，提高火箭发动机性能、寿命及可靠性。2021—2022财年，空军将完成甲烷多喷注器设计方案及其燃烧稳定试验。同时，还将建立燃烧稳定性模型，向工业部门提供相关代码，提升设计可靠性；探索新燃料运行极限，应用新型制造工艺，开发先进高温材料；建设新试验设施，实现多喷注器设计方案和燃烧稳定性策略的快速、低成本试验。此外，美国空军还在持续开展旋转爆震发动机技术的研发，支持多家高校开展原理性试车活动。

"先进液体发动机技术"预算 313.4 万美元，重点研究 2035 年后的下一代火箭发动机方案，通过缩比样机进行风险降低活动、提高技术成熟度，同时开展模块化组件集成装配和相互影响的研究。

"在轨推进技术"预算 483 万美元，重点关注空间推进系统的技术研发工作，涉及航天器单组元推进系统的数字化工具和试验方法转型，化学和电推进系统的先进诊断技术，建模和仿真工具的校核验证等。

3. 航天与导弹火箭推进

空军的"航天与导弹火箭推进"计划下包括"液体火箭推进技术"和"在轨推进技术"两个项目，2022 财年总预算为 1621.4 万美元。

"液体火箭推进技术"项目预算 924.7 万美元，在 2021 财年继续开展模块化发动机方案的可行性研究，在 2022 财年将重点提高模块化发动机的规模、应用性和可测试性，降低全寿命周期成本。同时，空军还将在 2022 财年启动液体火箭发动机的颠覆性循环方式研究，以及新型系统组件和控制方式研究。

"在轨推进技术"项目预算 696.7 万美元，重点为火箭上面级、轨道转移飞行器和卫星研发新型推进技术，涉及试验、建模和仿真技术的开发，以及下一代自燃推进剂研究、无毒单组元推进剂应用等。

4. 火箭货运

空军在 2021 财年的预算中新增名为"火箭货运"（Rocket Cargo）的项目，申请 4790 万美元的预算，利用商业公司的重复使用火箭实现百吨货物的全球 1 小时抵达。2021 财年空军将通过建模仿真分析，对"火箭货运"的方案、弹道、军事设施、性能和成本进行分析评估，同时还从"超重 - 星船"的飞行试验中获取相关的数据。2022 财年将继续利用"超重 - 星船"等系统的飞行试验收集货物运输所需的数据；研究火箭尾焰对着陆平台的烧蚀、火箭所用流体的毒性、运输过程的可检测性、火箭运输的噪声水平等问题；开展风洞试验评估空中投送物资的弹道特征和高速分离的物理特性；尝试进行货物运输的全程验证以发现潜在技术挑战；为新型载荷及物资容器设计方案、装载和卸载方案启动项目招标。

（三）DARPA 预算

2022 财年，DARPA 为"用于地月空间敏捷响应的验证火箭"（DRACO）项目申请预算 3700 万美元。该项目原名为"用于火箭的反应堆"，目标是研发和验证高丰度低浓缩铀核热推进系统，重点任务是开发小型核燃料单元的增材制造技术，突破传统制造技术的限制。

DARPA 在 2021 年 4 月向通用原子、洛克希德·马丁和蓝源 3 家公司分别授出 2220 万美元、250 万美元和 290 万美元的合同，前者负责核热反应装置初步设计，后两者负责航天器方案设计，目标是在 2025 年前研制和在轨验证核动力推进系统。根据预算文件，DARPA 在 2021 财年启动核热推进剂验证反应堆的初步设计，并完成其分系统的需求评审；启动核热推进航天器演示验证样机和应用型号的初步方案设计，并完成系统需求评审；在典型试验环境中验证核热推进燃料单元的验证。该项目在 2022 财年的主要工作是开展核反应堆的详细设计，启动核热推进航天器演示验证样机的初步设计评审，并启动部分样机组件的制造。

二、美国航天运输系统发展动向分析

（一）核热推进技术可能率先应用于军事领域

2022 财年预算案中，NASA 明确提出不再为核热推进技术提供经费支持，而是转向核电技术，用于未来月球表面的探测和驻留活动。自 2017 年 NASA 重新启动核热推进技术的研究以来，重点针对核燃料进行方案设计、制造和工程应用研究，美国多家承包商向 NASA 提交了核热推进方案，甚至对外公布核热火箭发动机的渲染图。然而，NASA 在新财年的预算案却突然决定不再继续开展相关研究，因前期关于核燃料及核热推进方案的研究结果表明，低温推进剂的在轨管理将成为核热推进的瓶颈。在 NASA 取消对核热推进技术支持的同时，DARPA 在 DRACO 项目下的预算已经从 2020 财年的 1000 万美元增加至 2022 财年的 3700 万美元。

NASA 在其预算案中强调，核燃料技术要和国防部及能源部共享，相互之间一直有合作关系，而 DARPA 显然是要通过 DRACO 项目接过 NASA 在核热推进技术研究上的接力棒。首先，美国政府换届更迭之后，深空探测的目标仍然保持下来，核热推进技术在周期上很难满足 NASA 要求，也存在较大的风险。其次，DARPA 作为国防部的预研机构，非常适合于承担这类项目，通过少量经费投入，开展初期的小规模技术验证工作，而且也非常契合美国军方提出的"近月空间操作"概念。这种情况下，核热推进技术可能会率先应用于军事领域，利用核热推进与化学推进相当的推力，以及高出 2 ~ 5 倍的比冲，来支撑美国在地球轨道和近月空间开展各类长周期的军事活动。

（二）低温推进剂管理技术成为美国着力解决的瓶颈技术

从 2022 财年的预算中可以看到，NASA 在低温推进剂管理技术上的投入越来越高，从 2020 财年 3620 万美元增加至 2022 财年 8200 万美元。为了实现月球表面的长期驻留探测，以及支撑未来火星等深空目的地探测，低温推进剂管理技术将是必须解决的瓶颈。因为深空任务的周期将长达数月甚至数年，一方面需要大幅增加低温推进剂在轨储存的周期，另一方面航天运输系统的轨道级为实现最大运载能力还需要进行推进剂在轨加注，这些要求都远超现有技术上限。即便采用核热推进技术，也需要以低温推进剂作为工质，才能实现更高的效率，因此都必须首先解决低温推进剂管理的问题。

美国在低温推进剂管理方面原本就有比较好的技术基础，"半人马座"低温上面级在轨运行时间最长可达 12 小时，NASA 在"渐进低温推进剂"项目下为 SLS 重型运载火箭探索上面级研制出能够进一步降低 55% 蒸发量的隔热技术。另外，以 SpaceX 公司为代表的工业部门，也积极开展相关技术研发，其"超重 – 星船"系统需要采用推进剂在轨加注才能前往火星和月球等目的地。NASA 通过专门的项目，面向深空探测的急迫需求，集中力量开展技术攻关，可能会在较短的时间内实现低温推进剂在轨存储、在轨加注等方面的突破。

（三）新型航天运输系统用于军事物资快速投递的潜能初露端倪

SpaceX 在 2017 年发布的"超重 – 星船"宣传片中，描绘出该系统可以在 40 分钟内把乘客从纽约送到上海，速度是普通航空客运班机的 20 余倍。2019 年 10 月，SpaceX 首次向美国陆军推销其"超重 – 星船"，可以用于点到点的人员及货物运输。2020 年 10 月，美国国防部下属的美国运输司令部透露正在和 SpaceX 合作研究利用"超重 – 星船"实现军事物资快速运输的可能性。2021 年 6 月，相对论航天公司提出非常类似"超重 – 星船"的"地球人" – R 运载火箭，同样具有点到点运输的能力。火箭用于地球上的人员与货物运输逐渐进入人们的视野。

在 2022 财年预算中，空军特别增加"火箭货运"项目，投入 4790 万美元专门研究"超重 – 星船"等完全重复使用的航天运输系统开展军事物资快速投递的方案，说明军方在此前研究基础上已初步确定方案可行性，未来应用潜力巨大。预算文件显示，空军的目标是利用商业火箭实现百吨级货物的全球 1 小时到达。另外，空军还要在 2022 财年通过风洞试验研究货物空投能力。

军事需求赋予了"超重－星船"这类完全重复使用航天运输系统新的发展潜力，也让其寻找到更稳定的支撑。"超重－星船"以及"地球人"－R 等新型航天运输系统需要大量的创新和突破，如果仅仅依靠商业市场需求，市场的不确定性可能导致研制进程出现各种问题。相比殖民火星这样的宏大愿景，显然还是军事需求更加可靠。

三、结束语

美国政府 2022 财年预算案中涉及航天运输系统前沿项目绝大多数是与推进和动力技术相关，充分体现出航天领域发展"动力先行"的特点。传统火箭发动机领域更多关注甲烷的燃烧稳定性问题，美国正在尝试采用多喷注器方案来解决。瞄准远期应用的核热推进项目重点开展小型核反应堆材料技术，而低温推进剂在轨管理技术还需要进一步发展成熟才能够适应深空探测及核热推进系统的需求。

商业航天领域重复使用火箭技术的快速发展和进步，反过来助推美国空军提出"火箭货运"的新能力建设方案，助力美军作战能力提升，则是装备技术发展后运用模式和应用场景创新的典型案例。

（北京航天长征科技信息研究所　杨开）

美国太空探索技术公司"一箭143星"发射任务分析

2021年1月24日，美国 SpaceX 公司利用"猎鹰"−9火箭发射143个载荷，成功完成首次大型火箭百个载荷"拼单"发射任务，打破了印度"极轨卫星运载火箭"中型火箭于2017年2月创造的单次发射104颗卫星纪录。

一、基本情况

此次发射任务名为"运输者1号"，采用一子级已使用4次的"猎鹰"−9火箭执行发射任务，共搭载有141颗卫星和2个轨道转移飞行器（图1）。143个载荷按类型分，小卫星、微卫星、纳卫星①及轨道转移飞行器的数量分别为12颗、8颗、121颗、2个，占比分别为8.4%、5.6%、84.6%、1.4%；按质量分，质量227千克的"星链"卫星占比7%，其余

---

① 卫星质量分类：小卫星100~500千克，微卫星10~100千克，纳卫星1~10千克。

载荷的质量均小于 200 千克。这些载荷主要包括首批 10 颗 SpaceX 公司极地轨道"星链"卫星、48 颗行星公司"鸽群"遥感卫星、36 颗蜂群技术公司"太空蜜蜂"物联网卫星、4 颗 NASA 技术验证星，以及太空飞行公司的"夏尔巴人"－FX1 和 D 轨道公司的"ION 卫星货车－劳伦修斯"轨道转移飞行器。

所有载荷总体沿竖轴方向分四层堆叠在火箭上面级载荷适配器上，紧凑、合理地利用了整流罩空间，充分发挥火箭运力。其中上面三层为 3 个圆柱形载荷分配环，卫星、多星分配器和轨道转移飞行器沿周向装配在其接口上；第四层为"星链"卫星专用分配器，分两组装配"星链"卫星。

图 1 "运输者 1 号"任务载荷

任务中，火箭第二级到达高度约 550 千米、倾角 97.59°的太阳同步轨道后，耗时 30 多分钟、分 12 批释放了卫星、多星分配器及轨道转移飞行器；轨道转移飞行器进一步运行至目标轨道完成搭载卫星的部署。

二、载荷装配情况

此次发射任务携带载荷较多，装配形式多样，包括直接装配于上面级载荷适配器、直接装配于载荷分配环接口、通过多星分配器封装后装配于载荷分配环接口、通过轨道转移飞行器集成后装配于载荷分配环接口等多种装配形式，载荷装配具体情况如下：

（一）载荷分配环

SpaceX 公司基于"渐进一次性运载火箭次级有效载荷分配器"（ESPA)① 接口标准，自行设计了两型载荷分配环用于本次任务，可沿周向水平装配载荷（图 2）。第一种周向有 6 个直径 38.1 厘米的接口，每个接口可适配竖轴（PLZ）86.36 厘米、纵轴（PLY）83.82 厘米、横轴（PLX）沿 60°圆锥延伸 142.24 厘米包围体积内的载荷；第二种周向有 4 个直径 60.96 厘米的接口，每个接口可适配竖轴（PLZ）121.92 厘米、纵轴（PLY）149.86 厘米、横轴（PLX）沿 90°圆锥延伸 142.24 厘米包围体积内的载荷。本次任务中使用了两个 60.96 厘米接口型和一个 38.1 厘米接口型。

---

① ESPA 是美国 CSA 工程公司（现为穆格航天与防务公司）于 21 世纪初在美国空军"小企业创新研究"（SBIR）计划下，为美国国防部开展"空间试验计划"（STP）而研发的次级载荷专用分配器。该分配器于 2007 年首次应用，至今已成为大型运载火箭搭载分配器和微小卫星研制商普遍采用的接口标准。

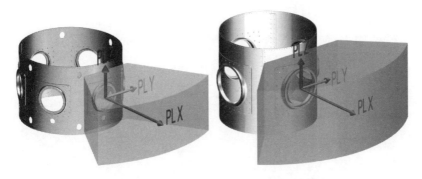

图 2　SpaceX 公司的两种 ESPA 分配器

此外，SpaceX 公司还基于 ESPA 接口标准研制了一种"星链次级有效载荷分配器"（图3），可沿垂直方向装配搭载载荷，平板状的分配器上有两个直径38.1 厘米的接口和一个直径60.96 厘米的接口，每次只能使用一种接口（两个小的或一个大的）。该分配器在 2020 年的部分"星链"发射任务中搭载少量拼单载荷进行了发射。

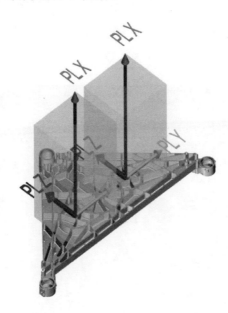

图 3　SpaceX 公司的"星链次级有效载荷分配器"

（二）轨道转移飞行器

本次任务中火箭上面级未进行变轨操作，大部分载荷均释放在同一轨道；少量载荷采用了美国太空飞行公司的"夏尔巴人"－FX1和意大利D轨道公司的"ION卫星货车－劳伦修斯"的轨道转移飞行器（图4和图5），运送至目标轨道进行部署，提高了载荷部署精度和效率，解决了拼单发射载荷"最后一公里"的部署问题。

"夏尔巴人"－FX1可提供至少6个直径60.96厘米的ESPA标准接口，并可在其他位置搭载寄宿载荷，在轨寿命4～7年。与火箭上面级分离后，"夏尔巴人"－FX1滑行至预定轨道，利用"全球星"网络进行独立遥测，通过自身星载电子设备启动卫星部署工作。本次任务是太空飞行公司首次应用该轨道转移飞行器，搭载了10颗立方星、3颗微卫星。该公司还于2020年11月提出了两种改进型"夏尔巴人"－LTC、"夏尔巴人"－LTE，分别安装了双组元绿色推进剂动力系统和高比冲氙气电推进动力系统，可满足不同高度和轨道面部署需求，以及开展地球同步轨道、地月轨道部署任务。

图4　美国太空飞行公司的"夏尔巴人"－FX1轨道转移飞行器

"ION 卫星货车－劳伦修斯"可提供最大载荷体积为 $64 \times 1U$①，可实现 1U、2U、3U、3U＋、4U、6U、6U＋、8U、8UL、12U、12U＋、16U 多种尺寸立方星的灵活组合搭载，还可搭载质量最大 160 千克的小卫星；本次任务中其搭载了 20 颗立方星。该飞行器具备变轨和变倾角能力，可将系列载荷按固定间隔精确、快速地部署在轨道面上，与传统只采用多星分配器的部署模式相比可节省 85% 部署时间、节约 40% 部署费用，并延长载荷寿命。该飞行器于 2020 年 9 月通过欧洲"织女星"火箭首次发射应用，成功部署了 12 颗卫星。

图 5　意大利 D 轨道公司的"ION 卫星货车－劳伦修斯"轨道转移飞行器

（三）多星分配器

21 世纪以来，小型化、标准化且可采用商业现货的立方星快速发展，在军民商航天领域广泛应用。为满足此类卫星发射需求，国外航天工业界研制了可批量封装立方星的多星分配器，采用通用化接口，解决大量立方星搭载同一火箭发射时的集成问题，同时满足卫星的在轨分离释放需求。

---

①　1U 体积为 10 厘米 × 10 厘米 × 10 厘米。

多星分配器通常采用长方体结构，按0.25U、1U、2U、3U、6U等不同卫星体积大小进行设计，可以独立封装单颗或多颗卫星，也可以形成组合体批量封装卫星（图6）。此类多星分配器内置弹簧，打开顶盖后卫星即被弹出；批量部署时，主要通过时序器控制打开顶盖的时间，以避免多颗卫星分离时发生碰撞。

目前，国外已有数十家公司研发应用了立方星多星分配器，本次任务中主要采用了马弗瑞克航天系统公司、EXO发射公司及Nanoracks公司的多星分配器。

图6　独立式多星分配器和组合式多星分配器

三、基本认识

（一）加剧微小卫星发射市场竞争

此前，微小卫星拼单发射主要由印度"极轨卫星运载火箭"、俄罗斯"第聂伯"等中小型火箭开展，较小的运载能力和整流罩容积一定程度限制了发射规模。SpaceX公司通过低地球轨道运载能力20吨级的"猎鹰"－9

火箭开展"小卫星拼单计划",每年计划进行 3 次太阳同步轨道专享拼单和多次"星链"卫星拼单发射任务,对 200 千克小卫星收费低至 100 万美元;还会持续与太空飞行、D 轨道、莫门图斯等公司的轨道转移飞行器合作,满足定制化轨道部署需求。该模式可在任务适应性与发射成本上均形成较强竞争力,将加剧微小卫星发射市场竞争。

(二)降低"星链"卫星部署成本

SpaceX 公司"星链"星座规模大、部署次数多,为降低部署成本,该公司已全部采用复用火箭执行发射。为进一步降低部署成本,SpaceX 公司将持续开展"星链"拼单发射,在规划完商业载荷装配形式后,根据整流罩剩余容积灵活确定搭载"星链"卫星的数量,最大限度地利用火箭运载能力和整流罩容量,使 SpaceX 公司可在此类任务中能以"零成本"实现"星链"部署。

(三)引发太空交通安全问题

目前,国际上尚未形成太空态势感知数据的完全共享机制,大规模卫星部署可能对同一轨道航天器造成潜在的意外碰撞和物理干扰风险,特别是纳卫星、皮卫星等微小物体难以被所有国家及时识别,为航天器提前机动避让提供信息。国外正在呼吁使用射频标签等标识方法,降低大规模卫星发射后的识别与跟踪难度。

(四)任务需求决定火箭搭载卫星数量

火箭发射任务通常围绕主载荷设计,目标轨道、发射窗口等均要满足主载荷需求,当火箭还有剩余运载能力和整流罩空间时,便可搭载其他载荷。不论是 SpaceX 公司 2018 年开展的一箭 64 星还是本次进行的一箭 143 星,其实质都是微小卫星定制发射任务,主载荷是一批发射需求类似的微小卫星,而非一种;区别在于此次任务利用剩余运力和空间搭载了"星链"

卫星。因此，只要存在轨道需求近似或一致的卫星，在运载能力和整流罩空间限制范围内，火箭发射数量就会灵活变化。

（中国航天系统科学与工程研究院　刘博）

"运载器一号" 空射火箭系统试飞成功分析

    2021 年 1 月 17 日，维珍轨道公司"运载器一号"液体空射火箭系统试飞成功，将 10 颗卫星送入轨道，标志着该火箭正式投入应用，美国新型空射火箭系统研制取得突破。

一、发射情况

    2021 年 1 月 17 日美国东部时间 13 时 38 分，"运载器一号"空射火箭系统继首飞失败后开展第二次试射。"宇宙女孩"载机携带"运载器一号"火箭从加州莫哈维航空航天港的水平跑道起飞，飞行约 60 分钟、高度达 10.5 千米时，载机平稳投放火箭；火箭第一级"牛顿"-3 发动机点火约 3 分钟，随后一、二级分离；第二级"牛顿"-4 发动机点火约 6 分钟后关机，火箭进行 46 分钟惯性滑行，随后再次点火 5 秒，最终成功将总重 115 千克的 10 颗立方星部署至 500 千米高度的低地球轨道。

    "运载器一号"空射火箭系统由"运载器一号"火箭、载机和地面操作系统组成，从美国西海岸发射场发射时，太阳同步轨道运载能力为 300 千克、发射倾角为60°~180°；从东海岸发射场发射时，低地球轨道运载能力为500千克、发射倾角为0°~60°。"运载器一号"火箭采用两级构型，长21米、最大直径1.8米、起飞质量30吨。火箭一、二级箭体采用轻质碳纤维复合材料，分别装有一台"牛顿"–3和"牛顿"–4发动机；2台发动机均使用液氧/煤油推进剂、泵压输送系统，推力分别为327千牛和22千牛，且"牛顿"–4发动机可多次点火，具备一箭多星发射能力。此外，火箭装有"自动飞行终止系统"，通过箭载计算机自动检测火箭飞行异常，必要时可关闭火箭发动机终止发射或启动自毁程序，避免对地面人员及财产造成损失。

"宇宙女孩"载机由波音747–400型飞机改装而成，作为空射火箭系统的组成部分，可为火箭提供最高约12千米的初始高度、马赫数0.9的初始速度，并在投放火箭前为火箭供电、提供净化气体、监测健康状态且进行相关控制。该载机此前曾在维珍大西洋航空公司服役，转入维珍轨道公司后，主要在左舷内侧发动机与机身之间加装了用于挂载火箭的挂架，并加固了左机翼，更新了电源和通信系统。

"运载器一号"空射火箭系统无需传统火箭发射平台，其地面支持系统也称为可移动地面支持拖车，主要包括一组用于推进剂加注的可移动设备、可移动有效载荷服务拖车、用于收集与传输遥测信息的地面站和监测发射活动的发射控制中心，整套系统可便利地运输到符合条件的航空机场用于执行航天发射任务，并且发射流程大幅简化，载荷封装后仅需3天即可实现火箭总装发射。

二、发展概况

在军事快速响应发射需求和商业微小卫星快速发展的带动下，美国维珍轨道公司自主投资约 7 亿美元研制"运载器一号"空射火箭系统，于 2012 年首次公布采用"白骑士一号"货运飞机挂载"运载器一号"火箭的设计方案；为提升运载能力，于 2014 年将载机更换为波音 747，火箭一、二级发动机也由"牛顿"－2 和"牛顿"－1 升级为"牛顿"－3 和"牛顿"－4，推力分别提高了 116 千牛和 6 千牛，一子级贮箱也进行了加长来储存更多推进剂；2018—2019 年，成功完成了载机系挂试飞与火箭模拟件空中投放试验。2020 年 5 月，"运载器一号"空射火箭系统进行首次试射，但因第一级火箭发动机液氧推进剂管路破裂导致任务失败。

三、主要特点

一是发射价格具备竞争力。"运载器一号"单次发射成本 1200 万美元、低地球轨道每千克载荷发射价格 2.4 万美元，分别是美国"飞马座"空射火箭系统价格的 1/4 和 1/6；且每千克载荷发射价格与"电子"号等小型陆基火箭（2.5 万美元/千克）相比也具备一定竞争力。

二是生产制造效率较高。"运载器一号"火箭采用垂直一体化生产制造流程，将设计、工程、制造、总装、载荷处理和试验工作紧密结合，提高了研制生产效率；采用先进混合增材减材制造设备，可将发动机喷管等大型组件制造时间缩短一个量级，从而大幅压缩整箭生产周期，最终实现年产 12～24 枚的目标。

三是发射方式灵活机动快速。"运载器一号"空射火箭系统受天气因素影响较小，且不受固定发射台约束，可从普通机场起飞，抵达指定区域上空发射，广泛满足0°～180°的发射倾角需求。截至2021年初，维珍轨道公司已公布涵盖美、日、英①的5个可用机场作为发射地点（含已具备发射条件和签署使用协议），并计划进一步将"运载器一号"空射火箭系统引入全球多地的机场或发射场，打造灵活机动的全球化小型卫星发射服务。此外，与采用固体火箭的"飞马座"空射火箭系统相比，"运载器一号"液体火箭通常在不加注的情况下进行运输，减轻了运输质量，进一步提升了灵活性，而固体火箭总装完成后自重较大，运输方式选择受到限制。维珍轨道公司在其公开发表的论文中测算，若要部署一组由6颗小型通信卫星构成的快速响应军事卫星星座，可利用3架载机从3个机场开展发射任务，最快仅需8.9小时即可实现星座组网发射。

四、基本研判

一是为微小卫星专属发射提供了新的发射选择。近年来，微小卫星发射需求持续增长，但受制于小型运载火箭发射成本等因素，大部分中低轨道微小卫星运营商仍通过大中型火箭采用一箭多星、次要载荷搭载等方式发射，存在受主要载荷发射安排限制、难以取得合适发射机会等问题。"运载器一号"空射火箭系统面向微小卫星专属发射服务，以较低的发射成本、更高的发射频次、更灵活的发射地点和入射角度，更好地满足各类微小卫

---

① 美国加州莫哈维航空航天港（主要开展大倾角发射服务）、肯尼迪航天中心航天飞机着陆场、美军驻日关岛安德森空军基地（主要开展低倾角和中倾角发射服务）、日本大分机场和英国康沃尔航天港。

星星座发射和组网需求。

二是将为美军提供全新的快速响应发射选项。美军虽已通过"飞马座"空射火箭系统具备机动发射能力，但存在型号老旧、成本高昂、响应能力差等问题，"运载器一号"空射火箭系统的应用将推动美国快速响应航天发射装备更新换代，可为美军提供更低成本、更快响应、更高频次的发射服务。维珍轨道公司已获得空军44颗小卫星发射任务合同，未来有望获得更多的军事发射合同，成为美军事微小卫星快速发射和组网补网的骨干力量。

三是空射火箭系统发展前景有待进一步观察。自"飞马座"空射火箭系统20世纪90年代服役以来，30年间仅执行了44次发射，发射成本高、发射频率低；21世纪以来，美国也提出了多种空射火箭系统研发项目，如DARPA开展的"快速到达""猛禽""风驰""空中发射辅助进入太空"，商业公司开展的"运载器一号""平流层发射"巨型飞机空射火箭系统、"乌鸦"无人机载空射火箭系统等，但目前仅有"运载器一号"投入应用。不仅有项目本身的资金和技术问题，且空射火箭系统自身也存在固有短板，如受飞机载重限制，只能发射小型火箭，导致系统运载能力有限；航空飞行航线安全性问题，导致空中发射系统的航线审批较为烦琐；飞机与火箭组合的系统复杂性问题，对飞机的操纵能力、火箭分离后姿态控制能力等都提出了更高的要求，一定程度影响可靠性。这些也是"运载器一号"空射火箭系统及其他在研空射火箭型号共同面临的问题，可能会限制空射火箭系统的大规模应用，未来无人载机、先进火箭发动机等技术突破后，有望进一步提升空射火箭系统的运载能力、响应能力、运载效率，从而提高应用范围。

（中国航天系统科学与工程研究院　刘博）

美军加快推进"下一代太空体系架构"建设

2021 年 8 月，美国太空发展局在"2021 年美国太空和导弹防御年会"上，进一步披露了"下一代太空体系架构"的跟踪层、监视层相关信息，并于 8 月下旬启动该体系架构红外探测载荷的在轨验证，征询传输层第 1 批卫星的设计方案等。这些动向表明，美军正加快推进"下一代太空体系架构"建设，寻求通过威胁驱动的新型太空体系架构，加速军事太空能力发展变革，助力实现未来联合全域作战。

一、基本情况

"下一代太空体系架构"计划在高度 1000 千米低地球轨道部署约 1000 颗质量 50～500 千克的小卫星，形成网络化、智能化、功能综合的七层太空架构（图 1）：一是传输层，约 600 颗卫星，形成美军未来战术信息支援的核心天基网，提供全球低时延、无间断数据传输；二是跟踪层，约 200 颗卫星，可与高轨导弹预警卫星协同对重点区域多重覆盖，重点实现对高超声速导弹的探测识别、告警、跟踪，并为导弹防御系统提供目标指示；三是监视层，分阶段实现地基和天基多源情报融合，结合军商遥感卫星数据，实现对大型时敏目标的全天候全天时监视；四是威慑层，约 200 颗卫星，结合低地球轨道、大椭圆轨道、地月拉格朗日点甚至月球轨道的混合星座，实现对地球轨道和地月空间的态势感知，增强太空慑战能力；五是导航层，相关载荷搭载在部分传输层卫星上，形成一套独立于 GPS 系统的低轨卫星导航系统，可在 GPS 拒止环境下提供性能相当的定位导航授时服务；六是作战管理层，由搭载在上述各型卫星的载荷形成分布式自主作战管理系统，具有自组织、自学习、自适应的天基作战管理能力，直接为战术用户提供天基监视、探测、跟踪数据；七是支持层，包括快速响应运载器、分布式地面运控设施以及用户终端，可实施星座快速补网发射以及应用支持。

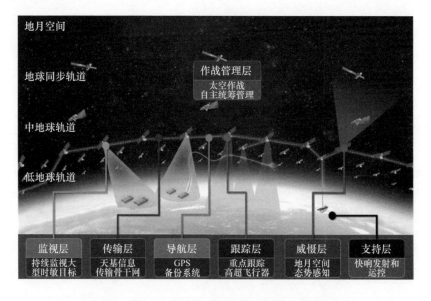

图 1 "下一代太空体系架构"概念图

太空发展局计划以两年为一个阶段，快速推进"下一代太空体系架构"建设：第一阶段，从 2020 年启动建设至 2022 财年，建设第 0 批试验系统，验证光学星间链路及精确星间测距、天基 Link－16 战术数据链，以及高超声速导弹跟踪传感器、地面多源情报融合等关键技术。第二阶段，2023—2024 财年，建设第 1 批业务系统，初步形成低时延数据传输网，实现持续区域访问，包括天基 Link－16 数据链的 90% 战区覆盖，与军种全域指控系统稳定连接，支持"综合广播系统"，初始具备支持高端局部冲突的能力。第三阶段，2025—2026 财年，建设第 2 批业务系统，实现持续全球访问，形成可替代 GPS 系统的定位导航授时、可直连武器平台的天基战术数据链、天基多源情报融合、区域性导弹跟踪、自主网络动态连接、网络防护等。第四阶段，2027 财年以后，建设第 3~5 批业务系统，实现持续自主作战能力，包括全架构数字工程、自主优化与任务分配、分布式处理、星上自动目标识别、全球导弹跟踪、自主导航等。

二、最新进展

2021 年，美国太空发展局发布了"下一代太空体系架构"传输层 1 批卫星、光学星间链路、地面段和发射任务的征询提案，并与国防高级研究计划局、空军研究实验室等机构联合开展了"下一代太空体系架构"关键技术的在轨验证。

（一）开启星间激光通信技术在轨验证，促进形成天基骨干网状网

太空发展局正在开展星间激光通信技术在轨验证。2021 年发射了 4 颗关键技术试验卫星，包括 2 颗"曼德拉"－2 卫星和 2 颗"激光互联和组网通信系统"卫星，主要用于验证星间以及卫星与 MQ－9 无人机之间的激光通信技术，传输距离为 2400~5000 千米，通信速率 5 吉比特/秒。其中，"曼德拉"－2 卫星是美国国防高级研究计划局、空军研究实验室在"黑杰克"项目下发射

的首批试验卫星，搭载光学星间链路载荷（图2）。"激光互联和组网通信系统"卫星由通用原子公司研制，为12单元结构立方星，激光波长1550纳米。在轨试验中，太空发展局和通用原子公司将测量数据速率、误码率和捕获时间，以及每颗卫星指向、捕获和跟踪对方以建立和保持链接的能力。

图2　"下一代太空体系架构"光学星间链路概念图

太空发展局计划2022年底和2023年初发射20颗传输层0批卫星、2024财年部署144颗传输层1批卫星。卫星部署在高度1000千米的轨道，均搭载星间激光通信载荷，与同轨和异轨卫星连接。其中，0批卫星星间激光链路传输距离5000千米，传输速率至少250兆比特/秒、目标为1吉比特/秒；1批卫星的每个星间激光通信载荷至少能同时建立并维持3条光学链路，目标为5个或更多，在距离1000～7500千米的范围内，数据传输速率至少1吉比特/秒，目标为至少10吉比特/秒。

（二）即将在轨验证天基 Link－16 战术数据链技术，提升联合一体的实时作战能力

美军计划2021年底发射搭载 Link－16 战术数据链载荷的技术试验卫

星，验证天基 Link－16 战术数据链传输能力。天基 Link－16 战术数据链传输主要由星载天线完成。该天线已于 2020 年研制完成，为可在轨展开的螺旋体，长 2 米，工作在 L 频段；将装载在立方体卫星上，使该卫星能接收、发射 Link－16 战术数据链信号。

太空发展局计划 2022 年底和 2023 年初发射的 20 颗传输层 0 批卫星中，有 6 颗将搭载 Link－16 战术数据链载荷；2024 财年发射的 144 颗传输层 1 批卫星中，有 126 颗将搭载 Link－16 战术数据链载荷，从而为陆、海、空基作战平台提供跨域信息快速传输。

（三）收集地球背景下的红外数据，为验证导弹跟踪识别技术奠定基础

太空发展局 2021 年发射了 1 个"红外有效载荷原型"载荷。该载荷是一台中视场多光谱红外成像仪，由诺斯罗普·格鲁曼公司研制，用于收集地球背景下的红外特征数据；计划 2022 年底和 2023 年初发射 8 颗跟踪层 0 批卫星。卫星部署在高度 1000 千米、倾角 80°的轨道，搭载视场角大于 50°、分辨率小于 1.5 千米的红外传感器，星上需能存储至少 50 分钟的全帧图像等数据，搭载一副 Ka 频段收发天线，至少有一个 V 频段星间链路作为激光链路备份。

（四）开启星上自主控制技术在轨验证，为系统建设提供关键支撑

太空发展局 2021 年发射了 1 个"轨道试验平台原型"载荷。该载荷搭载在 YAM－3 卫星上，以"黑杰克"的"赌台官"星载自主控制系统为基础，结合数据融合处理器、软件等，验证自主星上处理、数据下传等能力。"赌台官"星载自主控制系统是"黑杰克"星座的研发重点，旨在使星座能够灵活、快速地收集、处理和分配信息，根据需求协调调度星座能力，使全球范围的战术用户可以及时获取战场信息，为美军提供灵活、快速、网络化的航天装备灵活指控能力。未来，"黑杰克"星座的研究成果将转化为

"下一代太空体系架构"的关键支撑。

三、几点认识

"下一代太空体系架构"正是美军瞄准未来战场构建的天基支持的全域作战网络，将太空支援信息传递到最小作战单元，可满足战区小时级甚至分钟级、秒级的战术作战需求，颠覆美军未来作战样式。

（一）形成无间断侦察监视和接力式跟踪能力

"下一代太空体系架构"跟踪层、监视层卫星将与传统的导弹预警卫星、侦察监视卫星相互配合，对全球时敏目标进行持续监视，对高超声速导弹进行快速、立体地预警、识别、跟踪和目标指示，实现美军侦察监视能力从间歇式过顶侦察向持续监视转型，填补其对高超声速导弹等进行全程预警跟踪的能力空白，使对手战略导弹、高超声速武器、导弹发射车、各类水面舰船等的活动暴露在美军的严密监视中，有力支撑美军未来联合全域作战的信息获取。

（二）快速连通各域作战平台

在没有天基 Link – 16 战术数据链终端的情况下，Link – 16 数据链也可通过卫星实现视距扩展，但这种情况只是将卫星作为一个"信息中继器"使用，存在一定局限性。"下一代太空体系架构"传输层卫星将搭载 Link – 16 战术数据链终端，可打破当前通信卫星仅能中继 Link – 16 信息的现状，将包括时间、位置等的 Link – 16 完整信号直接分发给战区作战人员。因此，"下一代太空体系架构"将破除作战域的物理界限，图像信息的传输时间、目标发现到打击时间等从分钟级缩短至秒级，使各军种能够在不同作战域共享信息和资源，甚至同步行动。

（三）形成快速、自主的协调作战支援能力

"下一代太空体系架构"将以高速、无缝、低时延通信网为基础，采用星载自主控制系统等先进技术，可根据战区具体作战需求，快速、自主地协调系统内部的天基作战支援能力。未来，"下一代太空体系架构"将会与物联网、人工智能、自主处理等技术深度融合，使大规模无中心节点的系统具备更强的自主任务处理、分配、运控和重构能力，强化从传感器到射手的灵活连接，压缩杀伤链闭合时间，提高全域联合作战体系的弹性、灵活性和敏捷性，加大对手作战复杂度，全面提升美军太空慑战能力，从而占据主动。

（中国航天系统科学与工程研究院　梁晓莉）

国外天基太阳能电站技术发展分析

2021 年 12 月，美国空军研究实验室和诺斯罗普·格鲁曼公司联合验证了天基太阳能电站的能量转换模块，实现光能－电能－微波能的转换。近年，天基太阳能电站研究受到关注并取得进展，美国海军研究实验室利用国际空间站、X－37B 轨道飞行器搭载验证了太阳能到微波能、微波能到电能的转换可行性，空军研究实验室启动分阶段太阳能电站系统研制计划。此外，日本、欧洲、俄罗斯、韩国等也在开展方案设计和关键技术研发。

一、基本概念

天基太阳能电站或太阳能发电卫星的概念最初是美国彼得·格拉泽博士在 1968 年首次提出的，其思路是将天基太阳能电站部署在地球同步轨道，将太阳能转化为电能，再以微波或激光方式传送到地面或在轨飞行器的能量接收装置。与地面太阳能电站相比，除每半年一次短暂间隔外，天基太阳能电站可不受天气、昼夜、季节、地点的影响，且接收能量密度可达 1320 瓦/米^2，比地面平均光照功率高 10 倍以上。在国外目前的天基太阳能电站方案中，试验系统为兆瓦级，业务系统将达到 1～50 吉瓦。而现役航天器最大功率仅为 20 千瓦级，如美国洛克希德·马丁公司 LM2100 卫星平台为 20 千瓦，波音公司 702X 平台为 25 千瓦。

天基太阳能电站关键技术包括"聚、传、建"方面，涉及高效太阳能收集与转化技术、无线能量传输技术、超大型在轨结构组装技术等。"聚"是指高效太阳能收集与转化技术，是将太阳能转化为直流电的关键技术。现有天基太阳能电站方案的能量转换主要采用光伏发电，其光伏阵列规模为 50～100 米^2。"传"是指从太空到地面或太空中的无线能量传输技术，是决定天基太阳能电站的结构、尺寸的重要因素。无线能量传输目前有微波传输、激光传输两种方式。微波传输方式可采用具有较好大气穿透特性的 2.45 吉赫（S 频段）或 5.8 吉赫（C 频段），适合太空到地面的能量传输，但其能量发射和接收终端孔径较大，且目前仍未获得国际电信联盟的频率许可；激光传输技术一般选用短波红外波段，所需发射和接收终端孔径相对较小，由于大气传输损耗较大，更适合太空中的能量传输。"建"是指超大型在轨结构组装技术，用于支持千米级直径的发射天线和太阳能电池阵列，可采用材料自展开、充气式展开以及在轨制造等方式。

二、发展现状

现有卫星平台功率最大不超过 30 千瓦，试验型天基太阳能电站系统功率为兆瓦级，业务系统将达到吉瓦量级。目前，美国天基太阳能电站技术取得突破，日本仍关注地面试验，其他国家也已开展方案设计。

（一）美国已开展太阳能转换在轨验证

美国天基太阳能电站研究始于 20 世纪 70 年代末，国家航空航天局（NASA）等机构先后提出"1979 基准系统""太阳塔""集成对称聚光系统"等方案，认为中低轨道天基太阳能电站方案不可行。进入 21 世纪后，美国军民机构持续开展探索。国防部 2007 年发布《天基太阳能电站为战略安全提供机遇》报告，认为天基太阳能电站具有潜在的军事用途，建议开展进一步研究和关键技术攻关，并建立相应的政策环境；NASA 在 2012 年"创新先进概念"计划中提出部署在地球同步轨道的"任意大型相控阵太阳能发电卫星"方案，采用模块化结构以降低技术难度和建造成本。近年来，海军研究实验室、空军研究实验室等机构均在开展天基太阳能发电、电力传输等技术研发。

海军研究实验室在国防部"作战能源能力提升基金"项目下研发天基微波传输技术和地基激光传输技术。①天基微波传输技术方面，研制"光伏射频天线模块"并利用 X-37B 轨道试验飞行器进行搭载试验。该模块外形为边长 30 厘米的正方形（图 1），由光伏电池、直流电-微波转换设备、微波发射天线组成"三明治"结构，验证太阳能到微波能的转换、发射等技术。"光伏射频天线模块"装备能量转换效率如表 1 所列。此外，2020 年 4 月在国际空间站上验证了微波能-电能转换的整流天线技术，将 Wi-Fi 等高频能量转换为电能，在实验过程中成功使一个 LED 灯发光。②地基激光传输技术方面，2019 年 10 月开展了自由空间激光波束传输试验，利用一台功率 2 千瓦的紫外激光器形成功率为 400 瓦的激光波束，在传输 325 米后通过光伏电池转换为直流电和交流电，并驱动灯具、笔记本电脑和咖啡机等设备。

图 1 "光伏射频天线模块"装置

表 1 "光伏射频天线模块"装备能量转换效率

参数	参数值
太阳常数	1321.5 瓦/米^2
天底偏转角	32 度
有效太阳通量	1120.7 瓦/米^2
有效采集功率	104.1 瓦
太阳电池阵列功率	23.5 瓦
光电转换效率	22.6%
生成微波功率	8.4 瓦
电能－微波能转换效率	37.1%
总转换效率	8%

空军研究实验室 2019 年启动"天基太阳能增量验证与研究"项目，计划通过原理验证、小尺寸样机、全尺寸样机、实用系统等 4 个阶段建设实用的太阳能电站系统，满足美国远征部队的电力需求。该项目目前处于原理验证阶段，计划研制 3 个试验系统，其中"阿拉克涅"系统由"太阳神"

卫星平台①和"天基太阳能射频集成传输实验"载荷组成（图2），计划2024年发射，首次进行天基微波能量传输技术的天地传输试验；"纺锤"系统将试验面积10米²在轨结构的展开性能；"螺旋"系统计划2023年通过国际空间站搭载试验热控系统。"阿拉克涅"系统的能量转换模块结构与"光伏射频天线模块"类似，已在2021年12月完成首次试验，后续由9个相同的模块形成一个完整的能量转换系统，并作为"阿拉克涅"卫星的试验载荷。

图2　"阿拉克涅"卫星在轨示意

（二）日本持续研发关键技术，已开展地面试验

日本天基太阳能电站研究开始于20世纪80年代，并在同期开展了空中微波能量传输技术试验，如京都大学、东京大学先后进行"微波－电离层非线性作用实验"和"微波动力飞机实验"等。进入21世纪后，日本宇宙航空研究开发机构、宇宙系统开发利用机构分别提出"2001基准模型"

"2002 基准模型""2003 基准模型"以及简化的系绳式天基太阳能发电卫星模型。日本 2004 年将发展天基太阳能电站列入国家航天发展计划，并由经济产业省在 2009 年成立天基太阳能研究委员会，统筹管理天基太阳能技术发展。

日本目前已对微波和激光两种无线能量传输方式以及大型结构组装进行地面试验，但尚未开展在轨验证。

微波传输方面，宇宙系统开发利用机构在 2015 年测试了微波相控阵天线，在地面实现距离 55 米的能量传输；2019 年又实现向距离 50～100 米的无人机传输能量，验证了波束方向控制和供电技术；计划在 2025 年进行在轨测试，在 2045 年实现应用。

激光传输方面，日本宇宙航空研究开发机构 2012—2013 年开展了相距 500 米的地面激光传输试验，试验采用波长约 1070 纳米（近红外波段）的激光，实现了 1 微弧度（约 0.057°）精度波束指向精度，原计划 2016 年继续进行高度 200 米的激光传输，验证日光下的激光束控制技术，但试验情况未见报道。

大型结构组装方面，日本研究重点是机器人组装技术，通过一定顺序自动部署和连接桁架来构造大型空间结构，并计划在轨验证组装 100 米级结构。

（三）其他国家地区进展有限

欧洲、俄罗斯、韩国等也开展了天基太阳能电站研究，但大多停留在概念验证和方案设计阶段，与美国和日本的差距较大。

英国、德国、法国等欧洲国家近年均提出了天基太阳能电站计划和方案，如英国计划在 2050 年部署天基太阳能电站，并在 2020 年评估了多种技术方案。

　　俄罗斯重点研究采用激光传输方式的天基太阳能电站。科罗廖夫能源火箭公司在 2015 年开展地面试验，测试了距离 1.5 千米的激光能量传输技术；2016 年提出利用国际空间站进行在轨试验。

　　韩国 2017 年提出在 2030 年前分 3 阶段发展天基太阳能电站，由韩国航空航天研究院和韩国电子技术研究院联合研制。第一阶段为 2020—2022 年，重点突破关键技术；第二阶段为 2023—2026 年，开展微波无线能量传输技术的地面试验；第三阶段为 2027—2029 年，发射 2 颗小卫星并开展在轨验证。韩国天基太阳能电站方案主要参数如表 2 所列。

表 2　韩国天基太阳能电站方案主要参数

参数		参数值
太阳能 – 电能转换	部署轨道	地球同步轨道
	电池类型	薄膜太阳能电池
	单个阵列尺寸	2 千米 × 2.7 千米
	阵列数量	2 个
	模块数量	4000 个
电能 – 微波能转换	微波频率	5.8 吉赫
	微波发射天线面积	1 千米^2
微波能 – 电能转换	地面接收天线直径	4 千米
	地面供电功率	2 吉瓦

三、几点认识

（一）天基太阳能电站处于原理验证阶段，关键技术有待突破

　　美国海军研究实验室"光伏射频天线模块"试验验证了太阳能 – 电能 – 微波能转换的可行性，国际空间站发光整流天线试验验证了微波能 – 电

能的转换能力，美国海军天基太阳能电站技术的最新发展，表明其已初步验证了天基太阳能电站在太空应用的可行性，但相关技术在工程应用前仍须突破高效太阳能转换、超大型在轨结构组装等关键技术。此外，天基太阳能电站的地面接收和应用仍面临诸多问题，例如需开展由太空向地面传输大功率能量的试验，以及大规模应用所需解决的地面设施规模大、大气损耗以及安全性等问题；微波能量传输所用频率尚未获得国际电信联盟批准。

（二）有望率先用于太空设施供能，推动地月空间探索甚至天基定向能武器发展

天基太阳能电站在太空中应用可避免天地传输的大气损耗、安全性、频率协调等问题，利用激光传输方式可大幅缩小电站规模，可首先用于为空间站等大型太空设施供电，进而可支持从近地空间向地月空间和火星的载人太空探索活动。天基大功率电源是实现天基定向能武器的核心关键技术。美国在冷战期间"战略防御倡议"（即"星球大战"计划）下曾提出发展用于天基反导的激光武器和中性粒子束武器，但当时的卫星电源无法满足相关定向能武器装备的兆瓦级功率需求。相关技术一旦成熟应用，业务系统将提供吉瓦级功率，未来可能解决发展激光、微波、中性粒子束等天基定向能武器的电源技术瓶颈，使天基定向能武器成为未来实施天基反导、太空作战甚至近地小行星防御的重要装备。

（三）可能解决远征作战和无人作战能源供给问题

天基太阳能电站的发展和应用，特别是地面接收终端的小型化技术得到突破，有望推动军事装备技术的变革发展。一方面可解决军事后勤能源补给难题。天基太阳能电站技术采用无线能量传输方式，可借助太空"高边疆"优势，为全球大部分区域特别是远征部队提供持续的能源补给，变革现代战场后勤保障能力。另一方面可推动无人装备发展。目前无人机、无人船、无人车辆等无人装备已取得阶段性发展，但主要使用传统燃料或电池动力，限制了作战半径。如果采用天基太阳能电站供电，并设置适当间隔的能源补给区域，可大幅提升无人装备的持续作战能力。

（中国航天系统科学与工程研究院　陈建光　刘慧）

美军新一代实验性导航卫星项目发展分析

"导航技术卫星" – 3（NTS – 3）是美军正在开展的新一代实验性导航卫星，设计运行于地球同步轨道。整个项目旨在通过空间段、地面控制段和用户终端联合工作并集成定位、导航与授时（PNT）体系中多种先进技术以演示导航弹性作战概念，包括验证相关战术、技术与规程（TTPs），测试实验天线、灵活安全的信号、增强自动化和利用商业地面站等关键技术，从而增强美军 PNT 弹性和抗毁性，相关成果将用于美国后续"全球定位系统"（GPS）及整个 PNT 体系。

一、研制背景

（一）美军迫切希望缓解 GPS 长期存在的问题

美军一致认为，GPS 目前存在的最大问题在于空间段、地面控制段和用户终端三部分之间缺乏有效协调，导致系统更新换代经受了较大挫折、进度出现了较大延误。

美军迫切需要的 GPS 军用 M 码信号系统自 20 世纪 90 年代中期开始研

发，迄今仍无法使用，需要等到 GPS – 3F 卫星发射之后才能完全访问。为应对地面控制段配套迟迟不到位的问题，美军被迫从 2015 年资助升级已有的上一代地面运控系统，使其能够控制 GPS – 3 卫星并提供加密广播，填补 OCX 建成之前的运控空白。用户终端的问题在于 GPS 卫星研制部署与终端生产应用进程不协调，导致新卫星投入使用后，大多数用户仍被迫继续使用老旧的接收机。美军迫切希望通过开展新的实验性导航卫星项目缓解以上这些问题。

（二）美军寻求持续升级 GPS 以应对导航对抗威胁

美军认为 GPS 长期面临对手的干扰威胁，俄罗斯等国家已经开发出可用于阻塞或干扰 GPS 信号的先进电子武器。美军虽然高度依赖 GPS 的定位、导航与授时服务，但又不得不大力投入解决如何在 GPS 拒止的环境中作战。美国 2018 年、2021 年连续发布《国防部 PNT 体系战略》《太空政策指令 7：美国天基 PNT 政策》文件，要求必须提升美国 PNT 体系弹性，更好地支撑国防部的指挥、控制与通信战略及信息技术战略，以应对新威胁、新挑战。

为提升 PNT 战场生存能力、保持 PNT 领先优势，美军自 2018 年已开始部署第三代 GPS 卫星。与上一代卫星相比，GPS – 3 卫星的导航战能力将大幅提升，系统脆弱性会一定程度缓解，但美军寻求实现创新性更强的解决方案，持续提升导航能力，因此谋划启动并开展了 NTS – 3 项目，验证在地球同步轨道上增加中小型卫星，补充现有中地球轨道 GPS 星座的性能缺陷。

（三）NTS – 3 项目被列为美国空军"先锋"计划三大项目之一

美国时任空军部长威尔逊于 2019 年公布新版《科技战略》，明确将识别、开发并部署多项突破性技术，通过设立"先锋"计划等实现战略能力的形成和转型，扩大对对手的技术优势。"先锋"计划旨在通过原型设计和实验，加快重大技术突破，发展新型武器系统和作战概念，向作战人员展示实现能力跨越的可行性。2019 年 8 月，NTS – 3 项目被美国空军纳入"先锋"计划，成为"先锋"计划选定的第三个项目，也成为 1977 年至今美国国防部第一个实验性卫星导航重大发展计划。

二、系统情况

NTS – 3 项目由空军研究实验室航天器部牵头负责，太空与导弹系统中心等机构参与，哈里斯公司（后重组为 L3 哈里斯技术公司）担任卫星主承包商，将演示验证革命性的天基 PNT 技术，向作战人员交付新的定位、导航与授时能力，以占据战场绝对优势。

美国海军研究实验室（NRL）曾领导美国国防部早期的 NTS 项目研发，进行导航理论实验，分别于 1974 年和 1977 年发射了 NTS – 1 卫星和 NTS – 2 卫星，并交付美国空军。NTS – 1 卫星质量 293 千克，采用两个铷蒸汽频率标准以提高卫星定位和导航精度，相关技术广泛应用于 70 年代后期的第一代 GPS 卫星。NTS – 2 卫星质量 431 千克，作为当时 GPS 项目第一阶段的首颗卫星，演示了铯频率标准和全球数据采集网络。NTS – 1、NTS – 2、NTS – 3 卫星概念对比图如图 1 所示。

（一）发展历程

2015 年，美国空军研究实验室（AFRL）下属航天器部启动 NTS – 3 项目（图 2）。该项目是空军研究实验室的第一个定位、导航与授时飞行实验项目，也是一个重要的一体化太空实验项目，旨在建立与空军领导层提出的"太空体系愿景"（SEV）和"太空作战架构"（SWC）发展理念一致的、更具弹性的多层 PNT 体系原型。

2017 年，由于 NTS – 3 项目发展与美国空军研究实验室航天器部对 PNT 能力发展思路不一致，美国空军研究实验室对 NTS – 3 项目进行了重组。重组之后，强调任务目标是在多层太空架构中展示分解的、弹性的 PNT，同时联合工业界、政府机构和大学共同开发实验概念并参与飞行实验。

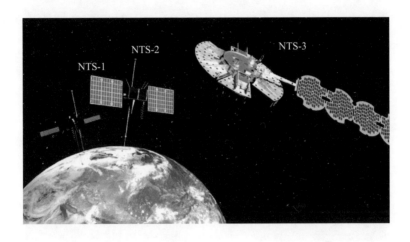

图 1　NTS – 1、NTS – 2、NTS – 3 卫星概念对比图

2017 年 6 月，美国空军研究实验室授予布拉克斯顿技术公司一份小企业创新研究合同，负责建造 NTS – 3 卫星地面站并测试卫星与地面站之间通信，确保具有弹性的地面运控能力。布拉克斯顿技术公司的方案符合空军关于新型地面系统的所有标准，可确保卫星应用不专属于定制的地面系统，以此节省资金并降低操作复杂性。该公司长期以来一直在为美国空军开发"一体化地面服务"（EGS）这一军事领域强制要求的地面统一使用的标准化方案。

2018 年 12 月，美国空军研究实验室授出 NTS – 3 卫星研制合同，合同价格 8400 万美元，由哈里斯公司担任卫星研制主承包商，包含了最多购买 9 颗卫星的选项。哈里斯公司的竞标方案创新性地集成了电子可控相控阵天线、波形发生器以及商用货架技术和产品，且数字信号发生器可实现在轨重新编程，帮助用户快速建立新信号，满足战场上快速变化的需求。

2020 年 2 月和 6 月，NTS－3 卫星项目先后通过初始设计评审和关键设计评审，进入制造、演示和试验阶段，后续计划在 2023 年发射首颗卫星。

2021 年 6 月，美国诺斯罗普·格鲁曼公司向空军实验室交付了 NTS－3 卫星的 ESPAStar－D 平台，后续将由 L3 哈里斯技术公司开展集成测试并为发射入轨做准备。

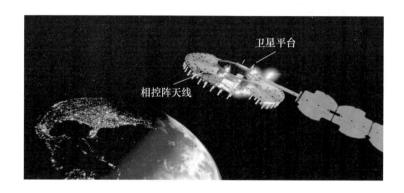

图 2 NTS－3 卫星概念图

（二）项目方案

NTS－3 项目计划在空间段、地面控制段和用户终端之间进行"端到端"PNT 体系验证（主要实验内容如表 1 所列），通过广播实验性信号，测试在信号干扰下的体系弹性以及对作战人员需求的响应，从而向美军演示对 GPS 星座性能的补充效果以及如何增强美国 PNT 体系。

表 1 NTS－3 项目主要实验内容

序号	实验内容
1	PNT 体系架构设计
2	在轨重新编程
3	灵活安全信号

续表

序号	实验内容
4	自动化增强
5	商业资产利用
6	先进的地面指控
7	灵活的软件定义无线电
8	用于检测欺骗攻击的数字签名
9	多频率和信号编码的可控区域波束
10	可从各种干扰中恢复的弹性能力

1. 空间段

NTS – 3 项目空间段主要包括 4 ~ 8 颗 NTS – 3 卫星，设计寿命至少 3 年，在轨实验周期约 1 年。这些卫星主要具有以下技术特点：

一是采用碟形外形，体积小、重量轻，单星质量 1250 千克，远低于正在研制部署的 GPS – 3 卫星（单星质量 4400 千克），可实现一箭四星甚至一箭八星发射，从而降低了研制与发射成本，并提高了部署的速度。

二是采用地球同步轨道，且有高机动性，与 GPS 的中轨道相比，可以较少的卫星数量实现更广的区域覆盖，并根据需要实施卫星机动以改变对地导航覆盖范围。美国空军研究实验室迄今未公布 NTS – 3 卫星率先部署在哪个区域上空，据推测很可能位于印太地区或美国中央司令部辖区。

三是卫星平台选用了诺斯罗普·格鲁曼公司商业级的 ESPAStar – D 环状平台，采用四面板可展开太阳能电池板；同系列的 ESPAStar 平台还曾用于研制美国空军研究实验室的"老鹰"（EAGLE）卫星。

四是采用"在轨数字波形发生器"（ORDWG）作为 NTS – 3 卫星载荷核心组件。美国空军研究实验室已经开发了信号认证和动态频谱接入概念，设计了增强二进制编码副载波、增强 C/A 码和军事采集信号，其先进天线系统可有效且经济地实现高增益区域功率，并近实时控制波束。实验重点之一是确定可控波束如何对高功率信号用户和全球信号用户的相位中心偏差及变化产生影响。其他卫星载荷组件还包括亚硝酸盐镓高效放大器、星上时钟和星历补偿技术等。

2. 地面控制段

地面控制段的实验目标主要是指挥多个天线与传统的全球波束联合形成高增益区域波束，并处理后续对相位中心偏差和模态变化的影响，最终使美国卫星导航系统能够在未来军事冲突中遭受电子干扰、欺骗干扰和网络攻击仍能恢复并可靠运行。其中，作为地面控制段的主承包商，美国布拉克斯顿技术公司负责的主要工作是演示验证卫星地面控制技术、多任务太空运行中心（MMSOC）开放架构标准，以及 NTS-3 卫星载荷与空军卫星控制网络（AFSCN）直接进行安全通信。地面控制段主要实验内容如表 2 所列。

表 2　地面控制段主要实验内容

序号	实验内容
1	自动化和系统关闭实验
2	"一体化地面服务"和联合太空作战中心任务系统的标准与兼容性测试
3	网络风险管理的现代化流程
4	高增益区域天线工作
5	利用商业卫星通信天线进行卫星遥测、跟踪与控制
6	网络安全保护机制与一体化增强技术引入与评估
7	减少手动控制的通用功能自动化实验
8	模拟高功率区域波束请求（包括指向目标位置、打开波束的仰角、接收功率水平、持续时间、软件上传初始化有效载荷所需的时间和硬件预热等）

3. 用户终端

为确保用户接收设备无缝集成，美国空军研究实验室探测器部和空军技术研究所正在联合开发用于波形实验的新一代软件定义型 PNT 地面接收机原型，以增强用户体验，这类似于星上信号发生器的可重新编程。作战人员在战场上使用此类接收机，除接收美国 PNT 信号外，还可根据需要随时接收欧洲"伽利略"导航系统、日本"准天顶"卫星系统及其他盟国的卫星信号。

（三）主要性能

1. 数字化信号可重置

与 GPS – 3 卫星载荷不同，NTS – 3 卫星采用全数字化导航载荷，可通过软件升级，及时应对新的能力需求或新的威胁出现。NTS – 3 卫星上将测试新型数字信号发生器，通过 L 波段直接数字合成方法实现 100% 数字化和在轨重新编程，并广播新信号。操作人员发现电子威胁时可快速配置新信号，从而避免和消除干扰，提高卫星弹性。

数字化任务数据单元（MDU）是 NTS – 3 卫星载荷的核心，不仅能改变卫星频率以避免干扰，还可增加导航信号发射功率，抵抗干扰系统产生的噪声。NTS – 3 卫星还增加了检测欺骗攻击的签名功能，可测试高增益天线配置，以多种频率和信号代码提供全球覆盖和可控区域波束。NTS – 3 卫星上配备的先进固态放大器和电子可控相控阵天线，允许操作人员控制波束对有需要的区域增加功率。相比之下，GPS – 3 卫星的相控阵天线是卫星平台的一部分，不能主动转向。

2. 失联后可恢复

NTS – 3 项目将验证 PNT 信号在经受中断或干扰后仍能保持并恢复功能，即验证弹性性能。实验中，空间段和地面控制段会共同验证如何在与地面失去联系后保持准确的授时和位置信息，在卫星机动后保持准确的用户位置，并进行授时或信号异常的检测和校正、自动"熄灯"、近实时环境感应以及定制波形生成等。实验还将监控信号完整性、时钟精度和轨道参数，便于减少错误。

3. 兼容现有地面系统

NTS-3项目的地面控制段可向后兼容传统的地面系统，引入不同来源的信号监测数据，利用商业天线网络来保持即时通知和按需的卫星控制能力，从而验证对商业地面站点的整合与应用。地面控制段建成后将是一个集多元化用户（军事、民用、学术和商业等机构）、多任务平台于一体的太空体系架构，并促进未来相关标准的制定。

美军"一体化地面服务"正在由太空与导弹系统中心开发，提供用于卫星运控的通用系统，其目标是将地面多系统转变为与所有空军和太空军卫星连接的单一系统，从而简化用户培训和操作，使卫星运控成本降低数百万美元。未来，NTS-3地面控制段与"一体化地面服务"兼容运行后，可直接实现数据共享、态势感知、大数据分析和相关部门协作。

三、基本研判

根据NTS-3项目的背景、方案与性能情况，做出以下基本研判。

（一）"载荷数字化+高轨+高机动"三项创新同时用于导航演示，可充分验证卫星作战"弹性"

NTS-3项目基本围绕美军PNT体系"弹性"开展研究，最具变革性的特征是NTS-3卫星的"载荷数字化+高轨+高机动"，三项创新并行验证"弹性"。"载荷数字化"凭借对通信频率的灵活转变、通信功率的按需定向与加强，集信号生成和发射于一体，同时凭借模块化和可扩展性能成为寄宿有效载荷，为战场上作战部队提供抗干扰的 PNT 能力，也可理解为"以更灵活的方式控制天线和波束，将更多的能量放在更需要的地方"；"高轨"可实现以更少的卫星对更大范围的地区提供持续服务，并验证高轨卫星与现有的中轨道卫星协同导航的性能；"高机动"以美国当前导航卫星前所未有的机动能力在地球同步轨道上改变定点位置，根据指令为最需要的地区提供服务。

NTS－3 项目实验目的是对现有 GPS 卫星的颠覆，充分体现出美国国防部希望彻底弥补当前 PNT 体系能力缺陷的决心。在"载荷数字化＋高轨＋高机动"的实验特征下，美军或将有能力构建新的 PNT 核心装备体系及相应运行模式，这可能使对手针对 GPS 卫星及相关系统形成的对抗手段在未来远期某个时间点失效，在未来对抗应用中建立非对称优势，让对手难以追赶。

（二）对"卫星、地面、终端"整个体系进行验证，有助于打造优质的"端到端"军事应用体验

NTS－3 项目重点关注"空间段、地面控制段和用户终端"的同步演示验证。其中，"空间段"主要是指卫星原型机，旨在为快速生产卫星和在地球同步轨道部署卫星群提供远期可选项；"地面控制段"主要是提升兼容性，避免让旧设施约束 PNT 体系快速升级；"用户终端"侧重于与在轨卫星的重新编程工作机制保持一致，并可随卫星升级而升级。虽然它们各自实验重点不同，但目标一致，都是为了改变美国军事 PNT 用户以往在使用过程中的糟糕体验。相比于 20 世纪 70 年代的前两代 NTS 项目研制，当前 NTS－3 项目更关注"端到端"而非仅卫星自身所体现的先进技术，这体现了对 PNT 作战应用效果的追求，而非单纯技术的创新性。

精准把握、识别长期存在的 PNT 应用体验问题，对"空间段、地面控制段和用户终端"三个环节同时进行方案设计和实验优化，进一步提高PNT 精度、信息流效率并缩短整个应用流程时间，这些对美军增强战场杀伤力和降低士兵伤亡概率具有重大意义。

（三）NTS－3 项目是美军在卫星导航领域的前沿性探索，作战应用效果或在远期才会有所体现

NTS－3 项目对 GPS 增强的技术实验主要用于构想美国未来几十年的PNT 方案。美国现有 PNT 体系已建成多年，即使通过 NTS－3 项目进行天基、地基等多项实验也不易在短期内从根本上转变。而 GPS 卫星运行已十分成熟且在进一步拓展，这主要包括：31 颗 GPS－2 卫星已在轨服役；截至2021 年 6 月底，已有 5 颗 GPS－3 卫星发射入轨，22 颗 GPS－3F 卫星在研制中，这些是美国当前及未来短期内发展 PNT 的重点，也是 PNT 作战应用的重点。与上一代 GPS 卫星相比，GPS－3 精度提高了 3 倍，抗干扰能力提高了 8 倍，而 GPS－3F 卫星性能还会再上一个台阶。相比之下，NTS－3 项目本质上属于未雨绸缪的长期谋划，考虑到 NTS－3 卫星最早 2023 年才能发射，并且在轨实验与评估、技术转化与应用都需要较长的周期，推测该项目成果初期应用会体现在 GPS－3F 卫星上，而整体应用效果在未来 8～10年才可能有显著体现。

四、结束语

NTS－3 作为美国空军研究实验室的"先锋"计划项目之一，扮演着早期先导性角色，正在验证新的体系概念并开发尖端技术，将以点带面验证新型导航星座运行性能，或将承担起变革美国 PNT 体系的历史使命。项目成果未来将服务于美国太空军，以求在太空军事应用方面实现快速改变"游戏规则"。

（中国航天系统科学与工程研究院　张京男　陈建光）

"一网""星链"卫星"太空会车"事件分析

2021 年 3 月，美国太空军发布"红色警报"称，一网公司和太空探索技术（SpaceX）公司的 2 颗卫星可能发生在轨碰撞，最终在"一网"卫星实施轨道机动后，2 颗卫星在最近距离仅 1 千米情况下交错飞过。此次"太空会车"事件突显了低轨超大规模星座的激增发展，加剧了太空碰撞的风险，迫切需要发展太空态势感知能力和建立太空交通管理协调机制。

一、事件过程

美国太空军第 18 太空控制中队在 2021 年 3 月 30 日发布的一则太空物体碰撞警报称，一网公司"一网"－0178 卫星（国际太空物体编号 48075）在轨道提升过程中，与 SpaceX 公司"星链"－1546 卫星（编号 46346）在 4 月 3 日左右的最近距离可能会小于 60 米，发生碰撞的概率达 1.3%，远高于须进行轨道机动的碰撞概率阈值 0.01%。SpaceX 公司通过低轨实验室公司的商业太空监视数据，认为这两颗卫星的碰撞概率为 0.01%～0.001%，因此不需要进行轨道机动。对此，一网公司要求 SpaceX 公司关闭"星链"-1546 卫星的自动避撞系统,并对"一网"-0178 卫星实施轨道机动操作。之后,美国太空军公布的两颗卫星实际最近距离为 1120 米,低轨实验室公司探测的距离是 1072 米。

除此次事件外,一网公司与 SpaceX 公司多次就"一网"卫星与"星链"卫星进行避撞协调,在 2020 年 3 月 12 日的第一次协调过程中,1 颗"星链"卫星通过自动避撞系统进行了机动。此外,"星链"卫星还与欧洲航天局"风神"卫星在 2019 年也出现类似"太空会车"事件。2 颗"星链"卫星甚至在 2021 年 7 月和 10 月先后两次接近中国空间站,对我航天员安全形成威胁。

二、低轨卫星基本情况

近年,国外低轨卫星互联网星座受到广泛关注,涌现出"一网""星链""柯伊伯"等计划,这些卫星将集中部署在高度为 300～1200 千米的低地球轨道,大幅增加了卫星在轨碰撞风险。

一网公司"一网"星座、SpaceX 公司"星链"星座是目前全球正在部署的两大低轨卫星互联网星座。两大星座计划均在 2015 年提出,在 2019 年发射首批业务卫星。"一网"星座现阶段设计规模约为 7000 颗卫星,截至 2021 年底累计发射 250 颗,卫星均处于正常状态。该星座规模原计划为 4.8 万颗,在一网公司破产重组后大幅缩减。此次事件涉及的"一网"-0178 卫星是一网公司在 3 月 25 日发射的 36 颗卫星之一,处于从高度 450 千米驻留轨道向高度 1200 千米目标轨道转移的轨道提升阶段。"星链"星座现阶段设计规模约 1.2 万颗,截至 2021 年底已累计发射 1942 颗,在轨卫星 1812 颗,已基本覆盖除南北极外的全球主要区域。该星座原计划在高度 1100 千米轨道增加约 2800 颗卫星，但已获准将其轨道高度降低至 550 千米，与现有卫星保持一致。

除"一网""星链"星座外，美国亚马逊公司、加拿大电信卫星公司也提出发展类似星座，其中亚马逊公司"柯伊伯"星座规模约 3236 颗卫星，电信卫星公司"电信卫星"星座规模约 117 颗卫星。此外，行星公司、尖顶全球公司等全球十几家商业遥感公司都在积极部署规模上百颗的商业遥感卫星系统，其中美国行星公司"鸽群"卫星在轨数量已接近 300 颗，尖顶全球公司"狐猴"卫星在轨数量接近 100 颗。

三、分析研判

（一）超大型星座激增式发展加剧太空碰撞风险

"一网""星链"等低轨卫星互联网系统的快速发展将使低地球轨道（轨道高度通常在 200～2000 千米）卫星部署数量激增。低地球轨道是卫星部署数量最多的一类轨道，截至 2021 年底在轨约 4400 颗，约占全球在轨卫星总数的 80%，支持了大部分侦察监视、环境监测以及低轨通信等任务。如果上述系统的设想完全实现，低轨卫星数量将激增到 2.4 万颗，与现有卫星相比将增加 7 倍。英国南安普敦大学的一项研究表明，仅"星链"星座每周约涉及 1600 起航天器近距相遇事件，占交会事件总数的一半[①]。这种激增式发展态势，一方面将形成对频率轨道资源的掠夺和垄断，使后续系统无以发展，难以实现太空环境的可持续利用；另一方面这些系统也将形

---

① Tereza Pultarova. SpaceX Starlink satellites responsible for over half of close encounters in orbit. http：//www. space. com. August 19，2021.

成对地球轨道的"封锁圈",不仅大幅增加未来进入太空的难度,而且也加剧发生太空碰撞的风险。

(二) 美军已具备较强的太空态势感知能力

美国太空军第18太空控制中队最初预测"一网""星链"两颗卫星的碰撞概率达1.3%,并向一网公司通报碰撞风险信息。除最终的风险解除通告外,尽管现有信息显示该中队在整个事件过程中没有发布第三份通告,也表明其通过持续的轨道预测,认为这两颗卫星的碰撞概率逐渐降低,但并未降低到安全阈值以下。因此一网公司虽然在前期坚持不进行轨道机动,最终在SpaceX公司关闭"星链"卫星自动避撞系统的前提下进行机动,但两颗卫星的最近距离仍略大于安全阈值。这表明美军通过全球部署的地基雷达、光学望远镜和太空目标监视卫星等装备形成的太空监视网,具备对全球低地球轨道卫星的较强编目管理能力,可持续进行轨道预测和碰撞评估分析。

(三) 商业太空监视力量发展迅速,有力增强美国太空感知能力

在此次事件中,负责为SpaceX公司"星链"卫星提供探测跟踪服务的美国低轨实验室公司展示了其太空目标监视能力。该公司对"一网""星链"卫星事件进行持续跟踪分析,从事件前期的预测碰撞概率到最终的两颗卫星最近距离估算,探测跟踪数据精度与美军相当。这表明美国商业太空监视公司已具备较强的太空目标监视能力,可成为美国军民商盟太空监视力量的重要组成部分,从而增强美军太空域感知能力。

四、几点认识

(一) 倡导建立国际太空交通管理协调机制

国际太空交通管理协调机制的建立势在必行。国际上目前仍缺乏具有

约束力的全球外空协议/条约，在太空日益"拥挤"的背景下，美国已将强化太空交通管理作为维护国家航天利益的重要手段，在 2018 年 6 月率先发布《国家太空交通管理政策》，并计划将其推广为国际标准。

（二）天地协同发展太空监视能力

此次"太空会车"事件凸显了在低轨卫星激增式发展背景下太空监视能力的重要性。未来，具备对太空物体的精确探测跟踪能力是确保安全进出太空、全面利用太空、有效控制太空的必要条件。美军全球部署地基太空监视装备，积极发展低轨和高轨太空目标监视卫星，结合低轨广域探测、高轨抵近巡视的优势，与地基装备协同工作，以增强太空监视能力。

（三）加快发展太空碎片清除技术

在应对低轨卫星规模快速增长的同时，也要重视由于卫星在轨失效、碰撞等可能产生的太空碎片清除问题，如美国"铱"–33 和俄罗斯"宇宙"–2251 卫星意外碰撞，产生约 2200 个太空碎片，并在高度 800 千米轨道形成碎片云。国外目前尚缺乏有效的清除手段，但欧洲、日本已验证了网捕、鱼叉、磁力捕获等清除技术，并在研发激光照射等途径，加快太空碎片清除技术的研发。

（中国航天系统科学与工程研究院　陈建光）

日本太空碎片移除技术最新发展分析

近年，日本政府在太空碎片移除技术领域主动谋划、持续发力，通过政策牵引、政府推动、国际合作等举措强势推进太空碎片移除技术创新发展，加速形成技术领先、特色鲜明的太空碎片移除能力。2021 年，日本同时推动多个太空碎片移除项目发展，开展了全球首次磁力捕获碎片技术在轨验证，其军民两用潜力不可小觑。

一、发展情况

（一）JAXA 设立专项计划支持太空碎片移除技术发展

日本宇宙航空研究开发机构（JAXA）于 2019 年 5 月发布"商业移除碎片验证"技术征询书，旨在联合产学研力量实施世界首个"大型碎片移除计划"。计划分为两个阶段：2020—2022 年为技术验证阶段，研发 100 千克技术验证卫星，并利用该星验证在轨小型太空碎片捕获技术，获取轨道碎片运动观测数据；2022—2025 年为主动碎片移除验证阶段，研发 400 ~ 500 千克技术验证卫星，验证目标逼近、捕获、轨道转移等一系列在轨大型碎片技术。川崎重工 2019 年率先提出研发重 60 千克、体积 60 厘米 × 60 厘米的立方星以验证碎片逼近技术和碎片捕获装置，参与 JAXA "大型碎片移除计划"第一阶段研发任务。日本宇宙尺度公司于 2020 年 2 月开始参加 JAXA 大型碎片移除计划第一阶段研发任务，开展"宇宙尺度 – 日本主动碎片移除"（ADRAS – J）项目研究（图 1），旨在研发重 180 千克的服务航天器，验证非合作目标在轨交会与逼近技术，获取并提供轨道碎片运动观测数据，JAXA 为其提供技术支持。2021 年 9 月，宇宙尺度公司与美国火箭实验室签署协议，由后者在 2023 年发射 ADRAS – J 航天器，该航天器目前处于关键设计阶段，计划 2022 年总装，2023 年发射。

图 1　ADRAS – J 近距离观测火箭上面级概念图

（二）商业公司开展太空碎片移除技术在轨验证

宇宙尺度公司通过"宇宙尺度寿终服务 – 验证"（ELSA – d）项目开展世界首次磁力太空碎片捕获技术验证。2021 年 3 月，服务卫星和模拟太空碎片的目标卫星通过磁力吸附在一起进入太阳同步轨道，在 550 千米高度进行调试；8 月，服务卫星将目标卫星推离数厘米，之后利用推进系统交会、逼近并捕获姿态稳定的目标卫星，初步验证了磁力捕获能力。验证系统由太空段和地面段组成，其中，ELSA – d 太空段由 17 千克的目标卫星和 175 千克的服务卫星组成，运行在 550 千米高的太阳同步轨道；服务卫星装有永磁体抓捕机构，发射时与目标卫星上安装的铁磁对接板通过磁力连接在一起；进入太空后，2 颗星首先分离，再利用磁力实现星间近距离捕获和对接。地面段采用该公司在英国建造的国家在轨服务地面段设施。此次验证任务为期半年，主要验证非翻滚抓捕、翻滚抓捕、相对导航验证、离轨等太空碎片移除关键技术。安装在被移除目标上的铁磁对接装置如图 2 所示。

图 2　安装在被移除目标上的铁磁对接装置

（三） 商业公司致力于率先提供太空碎片移除服务

宇宙尺度公司开始研制针对"一网"低轨星座等合作目标开展移除任务的航天器平台。2021 年 5 月，宇宙尺度公司英国分公司授予瑞典 AAC 克莱德航天公司价值 260000 英镑合同，拟研制 ELSA – M 航天器平台。ELSA – M 基于 ELSA – d 验证的交会逼近技术进行优化，可在 1 次任务中移除 3 ~ 4 个退役低轨小卫星。该任务还获得了欧洲航天局、英国航天局和一网公司资助。一网公司已承诺为后续"一网"小卫星星座安装铁磁对接板，便于接受寿命终期离轨服务。航天器平台将于 2022 年研制完成，航天器将在 2024 年入轨服务。2021 年 10 月，宇宙尺度公司获英国航天局资助，开展"通过创新抓捕清洁外空任务"（COSMIC），拟在 2025 年前移除多颗英国退役低轨卫星。该公司正与欧洲泰勒斯·阿莱尼亚宇航公司和加拿大 MDA 公司合作开展可行性研究，计划 2022 年 3 月前完成。COSMIC 航天器基于 ELSA – M 研制，但不采用磁力装置而是采用机械臂或其他机械抓捕机构，可重复使用。

二、主要举措

JAXA 于 2018 年发布《中长期目标及计划》，明确提出 JAXA 将联合政府机构、私有企业等力量，自主研发世界领先的低成本太空碎片移除技术，推动太空碎片移除技术商业化发展。JAXA 联合防卫省、宇宙尺度公司、川崎重工、艾丽公司、神奈川理工大学等官产学研力量，着力推进大型碎片移除、磁力太空碎片移除、电动绳系碎片移除等太空碎片移除技术创新发展。

（一）通过顶层政策牵引太空碎片移除技术创新发展

2020 年 6 月 30 日和 12 月 15 日，日本相继出台《宇宙基本计划》《2030 年宇宙基本计划路线图（修订案）》，首次从国家顶层明确太空碎片移除技术自主研发的发展重点和政策措施，致力于提升太空碎片移除技术世界领先地位和国际话语权。根据 2020 年版《宇宙基本计划》及其路线图，太空碎片移除主要包括太空碎片观测和移除技术，发展政策措施为：一是推进总务省、文部科学省、防卫省等政府部门与大学、私营公司展开合作；二是牵头制定国际规则，强调通过发展太空碎片移除技术，为人类可持续、稳定利用太空做出贡献，提升日本航天国际影响力；三是吸引卫星运营商自愿参与太空碎片移除技术发展，建立太空碎片移除参与者评估制度；四是明确卫星退役后，政府将依据联合国外层空间和平利用委员会的太空碎片移除指导方针等，采取适当措施进行处理。

（二）通过路线图明晰太空碎片移除技术研发路径

根据日本《宇宙基本计划》路线图，以及内阁府 2019 年联合防卫省、文部科学省、总务省、经济产业省等机构制定的太空碎片移除技术发展路线图，日本未来将围绕太空碎片飞行路径预测、太空碎片减缓、国际规则制定等工作重点，推进构建内阁府牵头、太空碎片相关机构部门分工落实的工作机制，研究日本轨道服务规则，继续推进太空碎片观测和建模技术研发，发展自主高精度太空碎片运动轨迹分析技术；2022 年前实现太空碎片观测技术重大突破，明确卫星逼近碎片时的在轨绕飞方式，进行电动绳系技术在轨验证；2022—2025 年突破卫星捕获碎片并再入大气层相关技术，特别是 2024 年发射大型太空碎片移除试验卫星、2025 年开展大型太空碎片移除在轨验证；2025—2027 年，实现太空碎片捕获技术、半自主控制再入技术和太空碎片移除基准系统等技术系统验证，稳步开展降低碎片数量、抑制碎片产生技术研究及轨道运用相关标准研究，推进国际规则制定。

（三）持续深化同美欧在太空碎片移除相关领域的国际合作

日本始终注重以国际合作强化自主创新能力，提升国际影响。一方面，积极推进与美欧等国在太空碎片移除技术等领域的合作。2019 年 7 月，日本在美日政府间对话会议中以"防止卫星碰撞"为由，明确基于两国已有的太空碎片移除或太空交通管理研究，建立可全面掌握在轨卫星位置的信息系统，合作构建"太空交通管理"体系；《宇宙基本计划》路线图修订案强调推进与美法等国在太空碎片移除、太空交通管理等领域的双边及多边合作；在技术攻关过程中，通过利用国际空间站验证平台、联合国际优势力量等合作方式开展技术研发和验证。另一方面，通过参与国际规则制定以提升国际影响力和话语权。新版《宇宙基本计划》《JAXA 中长期发展规划》等均强调争取为可持续利用太空、为建立太空碎片移除国际规则做出贡献。

三、几点思考

（一）注重太空碎片移除技术发展统筹规划和开放合作

一是通过《宇宙基本计划》及其路线图、内阁府太空碎片移除技术发展路线图等政策规划明晰了太空碎片移除技术发展重点、方向、思路和措施，战略引领、政府主导、统筹推进太空碎片技术自主研发。二是通过政策扶持、经济扶植、技术支持等多举措，调动官产学研多方力量推进太空碎片移除技术自主研发，特别是为初创企业碎片移除项目提供经费、技术支持和在轨验证机会，借助商业力量提速太空碎片移除技术创新发展，提前布局抢占国际市场份额。三是积极与美欧等国家开展太空碎片移除技术交流、合作，以此弥补自身技术不足。

（二）注重太空碎片移除技术持续积累、阶梯推进、特色发展

一是通过自主创新储备太空碎片移除技术。20世纪末以来，日本持续提出太空碎片移除相关方案和技术，成为较早开展研究的国家之一，并通过研制"白鹳"货运飞船掌握航天器交会对接等关键技术，面向"太空碎片预防装置"、ELSA－d等项目进行应用。二是通过规划计划推动太空碎片移除技术阶梯发展。明确在技术突破的基础上，优先验证小型碎片移除技术，在其基础上发展大型碎片移除技术。三是为太空碎片移除提供新途径。目前全球在研且进展较大的太空碎片移除方案以机械臂、飞网、飞叉捕获小型太空碎片为主，如欧洲航天局的机械臂捕获技术、英国萨里卫星技术公司的飞网抓捕和飞叉捕获技术等。日本独辟蹊径，正在积极突破磁力太空碎片移除技术、电动绳系太空碎片移除技术、大型碎片主动移除技术等，一旦验证成功，有望提供低成本太空碎片移除新途径。

（三）日本加快太空碎片移除技术创新发展具有明显的军事潜力

太空碎片移除技术具有明显的军民两用性，是发展太空攻防对抗能力的基础，相关装备在一定程度上可执行对太空目标的侦察、监视、破坏或干扰等任务，进而形成潜在的太空威慑。日本近期在太空碎片移除领域的频繁动作，加之成立执行太空态势感知任务的"太空部队"、升级完善太空态势感知装备、加强日美太空态势感知装备互联、深化日美太空态势感知数据共享、积极参与美太空作战能力桌面演习等一系列动作，是日本政府重视太空安全、切实落实"太空成为新作战域"、积极发展太空攻防对抗能力的重要体现。日本未来可能构建"航空航天自卫队"，进一步强化美国对印太地区的太空控制能力，后续发展需高度关注和警惕。

（中国航天系统科学与工程研究院　孙红俊　贾平）

FULU

附 录

2021 年航天领域科技发展十大事件

一、美军"下一代太空体系架构"关键技术取得进展

6 月和 8 月,美国太空发展局与国防高级研究计划局、空军研究实验室等相继发射 4 颗卫星和 2 个载荷,初步开展"下一代太空体系架构"关键技术在轨验证。一是利用 2 颗"曼德拉"–2 卫星和 2 颗"激光互联和组网通信系统"卫星,验证星间以及卫星与 MQ – 9 无人机之间的激光通信技术,传输距离约 2400 ~ 5000 千米,通信速率 5 吉比特/秒。二是利用"红外有效载荷原型"载荷,在低地球轨道收集地球背景下的红外特征数据,为发展低轨卫星的导弹识别技术奠定基础。三是利用"轨道试验平台原型"载荷,以"赌台官"星载自主控制系统为基础,结合数据融合处理器、软件等,验证星上自主控制技术。

"下一代太空体系架构"开展激光通信、导弹识别跟踪、自主控制等关键技术在轨验证,未来可形成全球无缝覆盖的天基激光通信网络,填补美军对高超声速导弹等进行全程预警跟踪的能力空白;还可在星上自主协调

各类天基作战能力，为美军联合全域指挥控制提供有力支撑。

二、美军验证全流程快速响应发射和多手段快速重构星座关键技术

6 月 12 日，美国太空军成功开展首次"战术响应发射"任务，利用"飞马座"－XL 空射火箭发射一颗"战术响应发射"－2 卫星，演练从美军下达发射任务，到火箭确定发射窗口、执行发射任务的全流程快速响应发射能力。其中，卫星研制周期不到 1 年，火箭仅用 21 天时间就完成整个发射流程。6 月 30 日，美国陆军分别从太空、地面发射 1 颗"枪烟"－J 卫星与已在轨的 1 颗"枪烟"－J 卫星组成 3 星侦察监视星座，演练了轨道预置、应急发射等多手段快速重构受损卫星星座的可行性。

上述试验验证了美军具备多手段、多途径建设太空快速响应体系的能力，可在其急需天基信息支援或太空系统能力受损时，快速进行发射任务的组织、规划、执行等，增强美国战时快速补网能力，构建弹性抗毁的快速响应体系。

三、美国百吨级重复使用运载器技术研制取得里程碑进展

5 月，美国太空探索技术（SpaceX）公司"超重－星船"运载器的二子级"星船"全尺寸样机首次完成 10 千米高空起飞－着陆试验，成功验证了动力、制导控制、着陆等关键技术。"超重－星船"为两级构型运载器，高 120 米，起飞质量 5000 吨，近地轨道运载能力不低于 100 吨，可从陆地

或海上发射。该运载器采用多种创新思路，如外形上融合了火箭与飞船构型以提高复用能力，回收方案上通过倾斜再入、垂直着陆方式大幅减少推进剂消耗，箭体材料上全部采用304L不锈钢以最大程度降低成本。

"超重－星船"运载器成熟应用后，将形成低成本、大运力、高频次发射能力，使百吨级重型运载器成为航天发射任务的骨干运输工具，不仅将支撑美国重返月球等深空探测任务，还会显著加速"星链"卫星部署进程，并有望用作地球点对点运输工具，为美军提供1小时内经太空投送百吨物资的后勤补给新手段。

四、美国原子钟技术在轨试验天稳定度创世界纪录

6月，美国国家航空航天局（NASA）公布"深空原子钟"项目在轨试验结果，表明星载汞离子钟频率天稳定度达 10^{-15} 量级，优于现役星载原子钟1个数量级，创下新的世界纪录。该钟是基于汞离子钟技术原理并经过小型化、适应太空环境要求等改进后的新型星载微波钟，采用真空管储存汞离子，离子不产生消耗，大幅提升了星钟寿命；采用粒子选择与探测分离的分区式线型阱方案，进一步降低了系统复杂度，减小了星钟的质量和体积。

汞离子钟具有高精度、高可靠、长寿命等特点，有望成为下一代导航星钟技术的重要发展方向。一方面可显著提升导航卫星系统定位授时精度和自主运行时间，进而提高精确打击能力和增强联合作战指控能力；另一方面，可支持地月空间作战任务和其他深空探测任务，使航天器实时计算自身时间与位置数据，提高任务效率。

五、日本首次进行太空碎片磁力清除技术在轨验证

8月，日本宇宙尺度公司"宇宙尺度寿终服务－验证"（ELSA－d）项目开展世界首次太空碎片磁力清除技术在轨验证，初步验证了磁力捕获能力。该项目的验证卫星由1颗服务星和1颗模拟太空碎片的目标星组成，运行在550千米高的太阳同步轨道。服务星重175千克，装有永磁体抓捕机构、传感器、交会装置以及目标分离装置等；目标星重17千克，装有铁磁对接板，板上有制导导航光学标记。本次试验中，服务星将目标星推离数厘米后，利用永磁体抓捕机构捕获姿态稳定的目标星。该项目将于2022年验证捕获姿态不稳定的目标并携其离轨的技术。

ELSA－d项目标志着日本太空碎片清除技术取得实质性突破，有望使其率先提供商业太空碎片清除服务；同时，相关技术还将助推日本发展天基太空域感知能力、捕获并携带本国卫星变轨躲避威胁或修正轨道的防御性太空对抗能力，以及使对手卫星偏轨的进攻性太空对抗能力。

六、美国加速推进空间核动力技术研发

4月，DARPA授出"用于地月空间敏捷响应的验证火箭"（DRACO）项目研发合同，分别用于开展核反应堆、空间核热动力系统以及演示验证航天器的方案设计，实质推动2025年在轨验证高丰度低浓缩铀核热动力系统的目标，以将美国太空作战半径拓展至地月空间；7月，NASA授出空间核热推进系统（NTP）反应堆的方案设计和研发合同，以为载人探火提供动力技术支撑；9月，国防部"国防创新小组"发布"用于地球轨道以远

太空任务的小型核动力发动机"招标书，寻求可用于中小型航天器的空间核电推进系统方案，计划 3～5 年内完成样机开发和制造。

美国政府和军方对空间核动力技术的一系列动作，表明其已实质开展基于空间核动力的灵活机动变轨、轨道转移运输、载人深空探索等能力开发，力求在未来 10～20 年占据地月空间战略高地，发展新的太空作战手段，维持太空领先优势地位。

七、美国离心加速发射技术开展概念样机试验

10 月，美国旋转发射公司进行了"轨道加速器"概念缩比样机首次发射试验，利用离心力将模拟载荷加速抛射到 3000 米高空，初步验证了离心加速发射技术的可行性。"轨道加速器"是在圆形真空离心室中对小型火箭进行离心旋转加速，目标是将火箭加速至马赫数 7 进行抛射，使火箭在惯性作用下滑翔至 60 千米高空再点火入轨，最高可将 200 千克重的载荷发射到近地轨道。

离心加速发射技术途径可大幅减少火箭推进剂用量、简化火箭构型，且地面加速设备可重复使用，预计发射成本可低至 50 万美元；虽然要实现工程应用还需解决极大过载等技术难题，但其提供了一种低成本快速发射方式，并具有发展为动能武器的潜力。

八、NASA 发射 DART 探测器将验证小行星防御技术

11 月，美国国家航空航天局采用"猎鹰"–9 运载火箭成功发射"双小行星重定向测试"（DART）探测器，以验证利用动能撞击技术偏转小行

星轨道的可行性。DART 探测器是一个动能撞击器，采用电推进系统，并配备了机载相机和精细自主导航软件，可自主飞行到"戴迪莫斯"双小行星系统。该探测器将于 2022 年 9 月以超过 24000 千米/小时的速度与"戴迪莫斯"小行星的卫星"戴莫福斯"相撞，并通过撞击前释放的立方星观测撞击过程，地基望远镜也将在撞击后的数月内观测双小行星系统轨道周期的变化。

DART 任务是首个采用动能撞击技术偏转小行星运行轨道的验证任务，也是目前全球唯一即将开展的近地小行星防御技术验证任务。近地小行星防御技术是典型的军民两用技术，其相关技术可用于抵近侦察、偏转、毁伤在轨非合作目标航天器，或转化为高速天对地打击武器，以支持对天和对地作战任务。

九、美国火箭实验室公布全新重复使用火箭"中子"号的技术方案

12 月，美国火箭实验室公司公布"中子"号大型重复使用火箭技术方案，旨在发展高频次、低成本发射能力。该火箭采用碳纤维复合材料壳体减轻箭体质量、提高运载能力，且可采用自动化 3D 打印提高制造效率；整流罩与一子级连为一体，采用开合式结构，可在释放二子级后再次闭合，与一子级一起再入返回地球实现重复使用；新研推力约 1000 千牛的"阿基米德"发动机，采用液氧－甲烷推进剂，成本低廉、便于重复使用；箭体尾部装有四个翼型支角，用于起飞、着陆时支撑箭体，以及回收时进行气动控制。

"中子"号火箭重复使用时近地轨道运载能力为 8 吨、一次性使用时近地轨道运载能力为 15 吨，预计将采用垂直起降技术途径实现重复使用，其创新的整流罩设计，将更利于实现快速周转复用，达到最快 24 小时的响应周期，为大规模星座部署、深空探测、载人航天发射以及军事按需补网提供新的选择。

十、美国太空军谋划数字化部队建设

5 月，美国太空军发布《美国太空军数字军种愿景》文件，提出将太空军建成一支互联、创新、数字主导的部队，从数字工程、数字人才、数字总部和数字作战四个领域推进数字转型，打造全球首个全数字军种：一是构建互用、弹性安全的数字工程生态系统，加速将成熟的创新概念转化为关键作战能力；二是招募和培养高技能数字人才，培育数字优先创新文化；三是将数据作为战略资产，实现数据驱动的敏捷决策；四是利用数字互联互通的基础设施和数字化人才，构建杀伤力强的太空作战力量。

该文件的出台，是美军进一步落实国防部数字转型相关战略的重要举措，对提升太空军各层级协同决策能力、机动作战能力及快速响应能力等具有重要意义。

2021 年航天领域科技发展大事记

1 月

朝鲜成立高超声速火箭研究中心 1 月 3 日，朝鲜在国防科学院下新成立了高超声速火箭研究中心，以开发高超声速导弹和舰载激光武器，突破美韩的导弹防御系统。该中心下设 7 个实验室，约 300 名员工，已完成运行准备工作。该中心的成立表明，朝鲜已将高超声速导弹研制作为国家重大任务之一。

印度未来 10 年航天计划强调发展火箭复用和先进推进等技术 1 月 4 日，印度航天研究组织（ISRO）阐述未来 10 年发展规划，将重点发展重型运载火箭、可重复使用火箭、半低温级、先进推进系统、新一代航天电子、先进材料、天基服务以及空间科学任务，并推进商业航天活动；其中，维克拉姆·萨拉巴伊航天中心将重点发展重型运载能力，实现部分和全部重复使用，并推进超燃冲压发动机研究；液体推进系统中心将发展半低温推进能力，把地球同步转移轨道运载能力提升到 5.5 吨，开发液氧 – 甲烷推进系统、绿色推进系统以及电推进系统。

欧洲咨询公司发布《2020年航天经济报告》　1月5日，该公司发布《2020年航天经济报告》显示，2020年全球航天经济总收入达3850亿美元，创历史新高。其中，政府预算700亿美元，商业航天收入3150亿美元。在商业航天收入中，上游产业收入90亿美元，其中制造业、发射服务和地面段业务分别收入40亿美元、17亿美元和30亿美元；下游产业收入3060亿美元，其中卫星服务商收入2930亿美元，卫星运营商收入130亿美元。

美国能源部发布《太空能源》战略　1月6日，美国能源部发布《太空能源》战略，提出其参与太空活动的四项任务：①为美太空用户开发核能与非核能能源技术，研发用于太空的能源管理系统，为太空系统开发创新的能源生成、收集、储存、分配、使用和热管理技术；②利用能源部实验室获得太空领域的科学发现，促进人类对宇宙的认识，探索人类在太空中生活和工作的方式；③能源部的技术能力、系统以及卫星等，将用于军事和民用太空计划；④推动空间科学研究创新，取得空间应用技术的突破，使美国商业航天工业能够安全、高效地发展。

美国太空军成为美国情报体系的第18名成员　1月8日，美国太空军已加入美国情报界，成为该体系第18名成员。该体系共享太空信息与情报，进行情报活动的整合、协调和同步，提高互操作性，以提升美国的全球战略预警能力。太空军已新设情报监视与侦察机构，重点关注技术情报以保护美国太空系统免遭敌对国家反卫武器的攻击。太空军将成立美国国家太空情报中心（NSIC），作为太空军在情报体系的分支机构，由太空军太空分析中队和太空对抗分析中队组成。

美国白宫发布行政令推进小型模块化反应堆在国防和航天领域的应用　1月12日，美国白宫发布《推进小型模块化反应堆在国防和太空探索领域的应用》行政令，要求美国国家航空航天局（NASA）、国防部、能源部和其他机构基于同一个技术路线图开展合作，以确定太空核动力系统在国家安全方面的应用；要求能源部开发高离析低浓缩铀（HALEU）生产技术，阐明 NASA 到 2040 年在载人和机器人太空探索任务中使用核能系统的需求；提出在美国境内的军事设施中演示经美国核管理委员会许可的"微型反应堆"，以检验其是否满足国防部需求。

日本考虑加入美国"下一代太空体系架构"以应对导弹威胁　1 月 12 日，日本政府考虑将于 2021 财年加入美国"下一代太空体系架构"，以及制造、发射卫星，为美国提供信息支持。2021 财年，日本拟投入约 1150 万美元（12 亿日元）开发高灵敏度小型红外传感器，投入 163 万美元研究用于探测、跟踪高超声速滑翔武器的卫星星座方案。

美国国家地理空间情报局寻求更快地获取商业地理空间情报数据　1 月 12 日，美国国家地理空间情报局（NGA）商业与业务运营小组主任高塞尔表示，美情报界正在采取"商业优先"的思路和战略，加强对商业地理空间情报市场的研究，积极推进商业卫星星座数据与能力的采办工作。为此，NGA 将加强与商业图像供应商的合作，一是向光电、雷达、射频和高光谱图像供应商授出研究合同、采办合同；二是计划设立采办办公室，以便为政府用户提供新技术；三是将推出试点项目，拓展与商业供应商的合作方式。

美军启动高超声速与弹道跟踪天基传感器原型卫星的研制　1 月 14 日，美国导弹防御局（MDA）宣布，授予 L3 哈里斯公司价值 1.21 亿美元的合同，为 MDA"高超声速与弹道跟踪天基传感器"（HBTSS）项目研制追踪高超声速武器的原型卫星。HBTSS 项目旨在发展一种新型天基预警探测跟踪传感器，实现对高超声速武器的探测与跟踪，填补美国现有导弹预警能力的空白。

特朗普政府发布七号航天政策令　1 月 15 日，美国白宫发布《七号航天政策令：美国天基定位导航授时（PNT）政策》，强调美国政府和商业机构应具有备份可用的 PNT 技术。该政策令为美国国家和国土安全、民用、商业和科学目的的天基 PNT 项目和活动制定了实施行动和指南，旨在保持美国在提供全球导航卫星系统（GNSS）服务和使用 GNSS（包括 GPS 和外国系统）的领导地位。七号航天政策令将取代 2004 年布什政府发布的《39号国家安全总统令：美国天基 PNT 政策》。

特朗普政府卸任前发布《国家轨道碎片研发计划》 1 月 21 日，特朗普政府发布《国家轨道碎片研发计划》，阐述了支持轨道碎片风险管理的 3 个基本要素和 14 个研究领域。要素一是通过设计限制碎片产生，研究领域包括减少发射过程中的碎片，提高航天器防护和抗冲击性能，提高机动能力等；要素二是跟踪和表征碎片，研究领域包括表征轨道碎片和太空环境，减少碎片数据在轨道传播和预测中的不确定性，提高对碎片编目的数据处理、共享和过滤等；要素三是修复或重新利用碎片，研究领域包括开发修复和重新利用碎片物体的技术，建立风险和成本效益分析模型等。

美国太空发展局征集用于建设下一代太空体系的技术 1 月 25 日，美国太空发展局发布公告向工业界征集建设下一代太空体系的新兴技术，主要包括：星间光学通信、L 波段低功耗天线、受保护软件定义无线电、小型化 I 型加密、备选定位导航与授时、宽视场过顶持续红外导弹跟踪传感器、无源射频传感与处理、自动目标识别、太空网络安全等技术。

美国太空司令部司令列举确保太空优势的五项关键任务 1 月 26 日，美国太空司令部司令狄金森在"航空航天国家"论坛上阐述了确保美国太空优势的五项关键任务：一是认识竞争，联合作战人员须接受关于敌对太空能力威胁的教育，鼓励颠覆性创新；二是建立指挥部，以展开竞争，并获得完整的作战能力；三是维护关键关系，巩固联盟并吸引新的合作伙伴；

四是保持数字优势，发展网络作战能力，投资人工智能和机器学习等技术领域；五是整合商业和跨部门组织，提倡采取负责任的太空行为，并利用国家力量解决共同挑战。

美国国防部长承诺将气候变化评估纳入下一版《国防战略》　1月27日，拜登政府发布行政令，要求美国家情报界就气候变化对安全的影响进行首次评估；指示国防部等政府机构提交一份可用于建模、仿真、作战模拟的"气候风险分析"；要求国防部长和参联会主席在制定国防战略、国防规划指南及其他相关战略、规划和方案及程序时考虑气候变化对安全的影响，并从2022年起每年向白宫国家安全委员会提交更新的"倡议"。国防部长奥斯汀表示，将把气候作为国家安全的一个基本要素，纳入国防部风险分析、国防战略和规划指南的制定中。

俄罗斯开始建设"麻雀山"科技创新中心　1月29日，俄罗斯莫斯科国立大学启动建设"麻雀山"科技创新中心，将包括莱蒙诺索夫、纳米技术、技术工程、生物医学、太空、信息技术、地球学与生态学、跨学科与行政管理等9个创新集群。首先建设的莱蒙诺索夫集群将占地65000米^2，计划2022年建成。俄政府2019年批准建设该中心，初步计划由莫斯科市和联邦政府共同出资200亿卢布。

俄罗斯国防部首次公开"亚尔斯"－S洲际弹道导弹战技指标　1月29日，俄国防部首次公开"亚尔斯"－S洲际导弹的战技指标。该导弹弹径1.86米，弹长17.8米，发射质量46吨，投掷质量1.25吨，射程10000千米，采用固体火箭发动机。巴尔瑙尔导弹师有3个导弹团装备了公路机动型"亚尔斯"－S导弹，正在执行作战值班，2021年底还将增加1个"亚尔斯"－S导弹团。

俄罗斯主要火箭发动机生产企业将整合为统一机构　1月30日，俄罗斯动力机械制造科学生产联合体总裁表示，俄主要火箭发动机生产企业在未来几个月将整合为一个统一机构，以提升企业间协作效率，减少构建新生产能力的资金投入，更好地在生产领域、设计局之间平衡分配任务量。实际上，俄罗斯已在 2020 年基本完成了统一机构的组建工作，后续只需将化工机械制造设计局的股份转移至动力机械制造科学生产联合体。

2 月

美国太空探索技术公司"星船"样机在高空起降试验中再次坠毁 2 月 2 日，美国太空探索技术（SpaceX）公司利用全新"星船"SN9 样机进行了高空飞行试验，但样机着陆时坠毁。"星船"SN9 样机从博卡奇卡试验场升空，发射与上升过程符合预期，飞行至 10 千米高度后，调姿至水平状态并滑翔返回着陆点上空区域，之后火箭再次调姿成垂直方向进行着陆，但 3 台"猛禽"发动机仅 1 台成功点火，导致箭体失稳，最终以约 45°角的姿态坠毁。

美国白宫指定国家安全委员会负责航天政策监管 2 月 4 日，白宫发布的文件显示，美国国家安全委员会即日起将发布一系列"国家安全备忘录"，作为"传达总统关于美国国家安全政策决定的工具"，取代上届政府的航天政策令。国家安全委员会由总统担任主席，副总统和内阁官员参与，负责监管航天政策；白宫科技政策办公室主任将成为国家安全委员会成员，负责协调民用和商业航天政策。

韩国《国防工业发展与支持法》正式生效 韩国国防采购管理计划局（DAPA）宣布《国防工业发展与支持法》于 2 月 5 日正式生效。这项"基础性"法律已在 2020 年 1 月获得国民议会批准。DAPA 表示，自该法获批开始，其已制定了相关子法规及措施，包括一系列国防工业政策、倡议和支持机制等，以促进主要的武器平台与组件的国际化销售，并拓展替代进口的研发与生产活动。通过实施该项法律，DAPA 将扩大韩国国防工业在国内外防务市场的占有份额，实现军用平台与组件 80% 的本土采购率。

美国太空探索技术公司的"星链"在轨卫星超过 1000 颗　2 月 4 日，美国 SpaceX 公司使用"猎鹰"－9 火箭成功发射了 60 颗"星链"卫星。火箭一级助推器升空 8.5 分钟后降落在大西洋上的海上着陆平台并完成回收，该助推器 27 天前曾用于发射"土耳其"－5A 通信卫星并成功回收，此次重复使用实现了两次飞行间的最快周转，超过了此前最快 38 天的纪录。根据天体物理学中心的统计数据，本次发射后，"星链"在轨卫星数量达到 1022 颗。

美军在"红旗 21－1"军演中融入太空部分　2 月 8 日，美军近日开展的"红旗 21－1"联合演习强调联合全域作战中的太空作战训练，包括太空电子战能力训练。演习中太空部队的蓝军、红军、白方队员分别来自美国太空军、陆军航天与导弹防御司令部和盟国空军作战部队。其中，美国太空军负责提供天基攻防能力，如第 26 太空侵略者中队负责操作 GPS 干扰系统和卫星通信干扰系统，模拟敌方对美方太空系统和依赖太空的系统可能产生的威胁。"红旗 21－1"是美国空军规模最大的实战化训练之一，约 2400 名人员参加，已于 2 月 13 日在内利斯空军基地结束。

俄罗斯苏－57 战机试飞高超声速导弹样机　2 月 17 日，俄罗斯苏－57 隐身战机试飞了一种新型高超声速导弹的多枚样机。试验中，样机内埋于武器舱内。与实弹相比，样机导弹没有发动机、燃料和弹头，但在大小、形状和重量上完全一致，其功能模拟装置上还安装了导引头和电路，以测试弹内电子设备与载机设备的接口。该新型高超声速导弹尺寸较小，且已完成机舱地面试验，计划近期由苏－57 战机搭载进行首次投掷试验。

俄罗斯将组建航天仪器制造控股公司 2月18日，俄罗斯航天国家集团公司总经理罗戈津表示，公司观察委员会已批准组建航天仪器制造控股公司，以确保航天工业领域微电子产品供应与仪器制造保持完全独立。新公司将以俄罗斯航天系统公司为基础，另有17家公司和机构加入，包括设计中心、设计局、科学研究院、生产与总装机构等。

法国军队计划增强安全卫星通信能力 2月21日，根据与法国武器装备总署（DGA）签订的合同，泰雷兹集团将再次牵头扩容法国"锡拉库斯"-4卫星通信系统地面段，并提供完全互操作所需的"端到端"管理系统以及近200个地面终端，利用其独特的 Modem 21 抗干扰技术保证法国陆、海、空三军所有通信的可用性、保密性和安全性；在不损害通信安全的前提下，实现与部分第三方卫星资源兼容。

美国国防部官员透露高超声速发展战略 2月27日，美国国防部研究与工程副部长办公室的高超声速负责人表示，国防部已制定高超声速现代化战略，内容包括：①开发陆、海、空基常规高超声速打击武器，在战术战场上对海上、沿海和内陆重要目标进行远程、时敏打击；②对对手战术高超声速导弹能力实施全面、分层打击；③利用可重复使用的高超声速系统开展情报、监视、侦察和打击任务，并利用两级飞行器的第一级快速进入太空。该战略将分四个阶段实施：第一阶段进行技术开发和概念演示；第二阶段开发和演示武器系统概念样机；第三阶段加速部署样机武器系统能力；第四阶段制定采办项目和能力阶段规划。

巴西自主研制的首颗卫星"亚马逊"-1号成功发射 2月28日，巴西首颗自主设计研制、集成、试验和运行的对地观测卫星"亚马逊"-1，由印度"极轨卫星运载火箭"成功发射。该卫星由巴西国家太空研究院牵头研制，是"亚马逊"系列3颗卫星的首发星，重约700千克，配备了分辨率 64 米、观测范围 850 千米的宽视场光学成像仪，可为巴西政府和科学界提供遥感数据，以监控亚马逊地区的森林情况。

3 月

美军利用商业货运飞船为高超声速导弹识别研究提供支持 3 月 1 日，预定 7 月发射并飞往国际空间站执行补给任务的诺斯罗普·格鲁曼公司"天鹅座" NG – 16 货运飞船，将搭载美国太空发展局的"样机红外有效载荷"进入低地球轨道。该载荷将在 3 个月内从低轨环境中采集数据，用于支持识别低轨飞行高超声速导弹的传感器算法。该任务与诺斯罗普·格鲁曼公司为导弹防御局"高超声速与弹道跟踪天基传感器"（HBTSS）项目所做的工作相关。

美国总统拜登发布《临时国家安全指南》 3 月 3 日，美国总统拜登发布的《临时国家安全指南》提出了政府的广泛目标和优先事项，旨在帮助政府各机构制定预算和战略规划。该指南要求国防部在预算中设定明确的优先事项，评估部队的结构、能力和规模，将开支从不必要的"传统"平台和武器系统转移到"前沿"技术和能力项目，并制定这些技术的开发、试验、采办、部署以及确保技术安全的流程；提出在促进新兴技术、太空、网络空间、健康和生物威胁、气候和环境以及人权领域制定共同准则和新协议方面，美国必须发挥领导作用；强调美国在探索和利用太空的同时，将确保太空安全和稳定；要求国防部评估全球军力态势，以调整美军在中东地区的合适存在，应对国际恐怖主义和伊朗威胁；表示美国将与世界接轨，重视外交和联盟工作，承诺美军在印太和欧洲地区保持强大的存在。

法国开展首次太空军演 3 月 9 日，法国 3 月 8 日至 12 日开展了代号 AsterX 的太空军演，旨在试验保卫本国卫星的能力，对具有潜在危险的太空物体和卫星面临的威胁进行模拟监测。参演方包括美国太空军和德国宇航中心。法国太空司令部部长弗里德林称，这是法国军队乃至欧洲首次开展太空军演，将对法国有关系统进行"压力测试"。

美印太司令部提议在关岛增建陆基"宙斯盾"系统 3月9日，美印太司令部司令戴维森在参议院武装部队委员会听证会上提议，在关岛建设陆基"宙斯盾"导弹防御系统。他认为，关岛可作为战略深水港、弹药燃料储藏设施和投射兵力的机场，是未来亚太冲突的关键要塞，而岛上现有"末段高空区域防御"（THAAD）系统不足以抵御来袭弹道导弹和巡航导弹威胁，因而需要陆基"宙斯盾"系统。

美国太空发展局作战人员委员会建立装备研用反馈机制 3月10日，美国太空发展局（SDA）成立SDA副局长任主席，11个作战司令部、各军种、导弹防御局、先期研究计划局及情报界代表参加的作战人员委员会，以构建一套反馈机制：作战司令部、军种及联合参谋部作战人员能够了解SDA研发情况；SDA则能根据反馈确定每一批次星座的最简化可实行产品（MVP），以便更好地融入部队演习与规划中。该委员会每年应召开两次会议，其"执行官员工作组"举行月度例会，各成员单位代表都可加入工作组。

空客公司将率先建造首个卫星制造轨道工厂 3月11日，空客公司宣布获得欧盟委员会一份为期2年、价值300万欧元的合同，为"地平线2020计划"下的"PERASPERA在轨演示"（PERIOD）项目研究如何在太空中制造卫星，为未来在轨制造大型结构奠定技术基础。该项目关注卫星在轨装配与制造，计划建造一个自动化的"轨道工厂"，以在轨道上装配航天器部件、更换星载有效载荷，建造天线反射器等主要部件。

英国计划2021年夏季建立新太空司令部 3月16日，英国政府出台《竞争时代下的全球化英国》报告，详细阐述了国家安全和外交政策方针。

为成为"重要的太空参与者"，英国计划：2021 年夏成立新的太空司令部，以确保武装部队拥有捍卫地面和太空利益的先进能力；提升商业发射市场竞争力，将于 2022 年从苏格兰发射商业卫星；发展太空态势感知等军民两用关键能力；从政府层面全力支持英国航天工业的发展建设；严格进行出口管制，防止弹道导弹等能在太空构成威胁的技术扩散；加强国际合作等。

英国成功试验"佩刀"发动机的两个关键子系统 3 月 16 日，英国反应发动机公司成功试验全尺寸热交换器和氢气预燃器，验证了这两个子系统向"佩刀"发动机核心部件提供热能和空气的相关性能，表明公司研制马赫数 5 的吸气式火箭发动机的技术进一步成熟。

NASA 与太空探索技术公司签署《太空行动协议》 3 月 19 日，美国国家航空航天局（NASA）与 SpaceX 公司签署《太空行动协议》，以明确双方在共享轨道位置和机动规划信息方面的责任。根据协议，该公司将利用"星链"卫星的自动避碰功能，避免与国际空间站或 NASA 航天器近距离活动时发生碰撞；必须在"星链"卫星发射至少一周前通知 NASA，及时确认是否需执行避碰操作；将"星链"卫星发射至初始轨道时，要与国际空间站或 NASA 航天器保持至少 5 千米的距离；还将与 NASA 就降低"星链"卫星亮度问题开展合作，以减少给天文观测带来的阻碍。

美国退役极轨气象卫星解体 3 月 20 日，美国太空军第 18 太空控制中队追踪到美国国家海洋与大气管理局（NOAA）8 年前退役的 NOAA – 17 极轨气象卫星于 3 月 10 日在轨解体，目前正在追踪事故产生的 16 块碎片；NOAA 表示，碎片对国际空间站或其他关键太空资产几乎不构成威胁。

日本发射磁力太空碎片移除技术验证卫星 3 月 22 日，日本宇航尺度公司"宇航尺度寿命终期服务 – 验证"（ELSA – d）项目的一对卫星由俄罗斯"联盟"号火箭发射入轨，以验证磁力太空碎片移除技术。其中一颗是质量 175 千克、装有磁力对接机构的服务星；另一颗是质量 17 千克、装有铁磁板的目标星。发射时 2 颗卫星通过磁力连接在一起，入轨分离后将完成 3 次交会、对接和释放操作。

FAA 发布新规简化私营企业航天发射和大气层再入许可程序 3 月 23 日，美国联邦航空管理局（FAA）发布的私营企业发射和再入许可程序新规于 3 月 21 日生效。新规旨在促进商业航天的创新性、灵活性和效率。新规用基于性能的标准取代过时的规范性要求，减少重复性工作，简化了发射和再入规章，并为不同类型的商业航天运行和运载器制定了统一的许可证和安全条令，实现了一证支持多地多次的发射和再入。

印度航天研究组织成功演示 300 米范围内的量子通信技术 3 月 24 日，印度航天研究组织（ISRO）通过使用量子密钥加密实时视频会议信号，首次成功演示了 300 米范围内的自由空间量子通信。本次成功演示是印度利用量子技术开展安全卫星数据通信的重要里程碑。ISRO 下一步计划在 2 座地面站之间演示该技术。

美国太空军开始向盟国租赁抗干扰 GPS 接收机 3 月 26 日，美国太空军太空与导弹系统中心 3 月 24 日宣布，美国已启动新型军用 GPS 接收机出租计划，允许盟国向其租赁"军用 GPS 用户设备"（MGUE）接收机，租期可达 3 年。该设备可接收 GPS 系统军用 M 码信号，具备较强的抗干扰/抗欺骗能力。加拿大已于 2 月获得首批接收机，后续法国、德国、英国、韩国等国也将获得该接收机。

拜登政府将继续设立国家航天委员会 3 月 29 日，美国白宫证实，拜登政府将继续设立国家航天委员会，以统筹美国的太空活动，协助总统制定国家航天政策和战略，协调军、民、商航天活动。该委员会主席将由副总统哈里斯担任，成员包括国防部长、运输部长、商务部长、国家航空航天局局长和其他相关机构负责人，并保留现有的用户咨询小组。

美国完成印太地区首次联合反导演习　3 月 30 日，美军透露，为期 2 周的印太地区首次联合反导演习已于 3 月 12 日结束。美印太司令部辖区内共 4 支部队参演，包括驻日第 38 防空炮兵旅、驻韩第 35 防空炮兵旅、驻关岛的 E-3 "萨德"防空炮兵旅、驻夏威夷的第 94 陆军防空反导司令部。报道称，为应对来自朝鲜等对手国家的导弹威胁，美军在演习中以朝鲜向日本方向发射弹道导弹为假想背景，指挥反导部队开展了一系列导弹探测、跟踪和拦截活动，直接或间接使用了 "萨德"和"爱国者"反导系统，并对两个系统进行了联动测试。日本自卫队的人员观摩了演习，但韩国军队未参与。

"星船" SN11 样机在着陆过程中爆炸　3 月 30 日，美国 SpaceX 公司在得州博卡奇卡试验场开展 "星船" SN11 样机的飞行试验，样机在着陆过程中爆炸坠毁。机载摄像机传回的画面显示：样机按计划在发射后依次关闭全部 3 台 "猛禽"发动机，升空至 10 千米高度后，其滑翔下降到 1 千米高度，重新启动 1 台发动机准备着陆，但在试验进行到 5 分 49 秒时，发生爆炸并坠毁，机载摄像头信号随之终止。该公司表示，样机的二号发动机在上升过程中出现故障，着陆时未达到燃烧室预定压力，工作人员将通过爆炸碎片进一步了解事故原因。

美国太空军启建太空作战分析中心　3 月，美国太空军太空作战部长雷蒙德正式批准太空作战司令部下辖的太空作战分析中心（SWAC）组建方案。SWAC 负责太空军兵力设计，通过兵棋推演和建模仿真，探索作战概念及新技术应用方式；SWAC 将按照不同任务类型，设立分中心，与国防部和情报机构开展密切合作。初期工作重点：一是与导弹防御局合作，开发导弹跟踪与预警架构兵力设计，根据性能与成本，已遴选出 170 多份设计方案，完成最终设计后，将列入 2023 财年预算；二是与太空发展局合作，开发太空军卫星控制网络兵力设计，将于 2021 年秋季启动数据中继及网络化设计工作，以支持"联合全域指挥控制"计划。预计 2022 年底 SWAC 将完全建成，获国会授权后可直接向太空作战部长报告。

4 月

英国成立太空司令部 4 月 1 日，英军正式成立太空司令部，其将作为一个联合司令部，承担 3 项职能：太空作战、太空部队培训和发展、太空力量建设（开发和交付太空装备项目），当其具备作战能力时，将指挥和控制英国的全部军事太空能力，包括运行监视太空的太空作战中心（SpOC）、军用"天网"卫星通信系统、负责导弹预警及大气层再入的菲林代尔斯空军基地等；监督军事天基能力发展，确保与其他防御能力（包括英军战略司令部负责的能力）协调整合。

美国太空司令部完成"全球闪电 2021"演习 4 月 4 日，美国太空司令部在其联合作战中心完成了为期 5 天的"全球闪电 2021"演习，参演人员共 900 名。各方在演习中试验了多域太空作战能力，模拟的冲突场景涉及美国太空司令部、战略司令部和欧洲司令部，以及澳大利亚、加拿大和英国的军事部门。美军表示，3 个作战司令部通过演习实践了多域协调、合作开展军事行动，此举将有利于联合作战人员获得指挥与控制联合太空力量的能力。

澳大利亚国防军筹建太空司令部 4 月 6 日，澳空军司令胡普费尔德表示，澳国防军拟于 2022 年成立太空司令部。该司令部是维持、生成和运用太空能力的一体化机构，从顶层协调并监督澳陆、海、空三军的太空相关活动。

美国智库：俄罗斯正在试验新型反卫星技术 4 月 6 日，美国安全世界基金会发布《全球太空对抗能力：开源评估》报告称，俄罗斯正在利用冷战时期获取的反卫星能力，试验新型反卫星与直升式反卫星技术，这些技术可能对低轨和地球静止轨道的航天器形成威胁，俄罗斯在这两个轨道上都试验了"交会与抵近操作"（RPO）技术。俄罗斯还在"水准仪"（Nivelir）监视与跟踪项目的支持下，开展了"海燕"共轨式反卫星项目。

美国公布新太空系统司令部组织架构 4月8日，太空军表示，2021年夏将正式成立太空系统司令部（SSC），负责采办并发射太空系统，监督太空军科技活动。SSC的组织架构基于太空与导弹系统中心，还包括第61空军基地大队、第30和第45航天发射德尔塔部队、第1靶场作战中队，以及原空军生命周期管理中心的战略预警和监视系统部门。此外，SSC将对空军研究实验室若干部门进行行政管理，对空军太空快速能力办公室和2022年并入的太空发展局提供行政与综合支持。未来，SSC将接收更多空军部队和其他军种的人员，总人数预计增至10000～11000人。

拜登政府2022财年为NASA预算申请247亿美元 4月9日，拜登政府2022财年预算概要文件中为美国国家航空航天局（NASA）预算申请了247亿美元，用于支持NASA在载人登月、气候研究、太空技术、教育等方面的计划。该预算比2021财年NASA经费增长了6.3%，其中69亿美元将用于"阿尔忒弥斯"计划，预计2024年前实现美国重返月球，并为火星探索奠定基础；23亿美元用于NASA地球科学项目，以研发新一代对地观测卫星；20亿美元用于气象卫星，改善美国国家海洋与大气管理局的天气预报能力；14亿美元用于商业航天工业发展以及研究用于清洁能源的太空技术。

日本与阿联酋合作执行阿联酋首次探月任务 4月14日，阿联酋穆罕默德·本·拉希德航天中心与日本iSpace公司签署合同，根据该合同，阿联酋"拉希德"月球巡视器将于 2022 年由 iSpace 公司"白兔" – R 月球着陆器送往月球，着陆器在巡航阶段将为巡视器提供有线通信和电力，在月表期间将为巡视器提供无线通信。阿联酋自主建造的"拉希德"月球巡视器重 10 千克，高 70 厘米、长 50 厘米、宽 50 厘米；采用先进机动系统和通信系统，配备 3D 相机、显微镜相机、热成像相机和传感器等有效载荷，将对月球表面的岩石和尘埃进行探测。

NASA 选择 SpaceX 公司开发载人月球着陆器 4 月 16 日，美国家航空航天局（NASA）宣布，授予 SpaceX 公司价值 28.9 亿美元的载人着陆系统（HLS）开发合同。该着陆器将采用超重型助推器发射，并在低地球轨道补充燃料后前往月球表面。合同规定，SpaceX 公司将提供"星船"版本的载人月球着陆器，并在 NASA 载人探月任务之前至少执行 1 次无人月球表面着陆验证任务。因预算有限，NASA 仅选择 SpaceX 公司作为开发载人着陆系统的独家供应商。

美国陆军未来司令部启动"战术太空层"计划 4 月 19 日，美国陆军未来司令部启动"战术太空层"计划，探索如何使用低轨卫星为士兵提供专门的监视、导航和成像能力。目前，该司令部正对配备地面辅助设备的战术天基传感器进行快速实验和样机设计，未来将集成"战术太空层"和"战术情报目标接入点"（TITAN）地面站，以处理陆基和空中传感器数据。"战术太空层"的预期能力包括：一是通过全球定位系统（GPS）获得定位、导航与授时能力，但陆军担心 GPS 会在冲突中遭对手干扰，希望拥有备用系统；二是提供深度区域感知、快速目标定位和战场态势感知能力；三是在 GPS 拒止环境中为远程精确火力打击和地面机动提供支持；四是为将来的采办项目等提供信息。

NASA "毅力"号火星巡视器实现多项技术突破 NASA "毅力"号火

星巡视器携带的"精巧"号火星直升机于北京时间 4 月 19 日 15 时 34 分成功在火星上实现首次动力控制飞行，这是人类历史上首次在地外行星上飞行飞机。NASA 利用该飞机开展了在火星上使用航空器拓展探测范围的技术验证。该飞机飞行到距离火星表面大约 3 米的高度并稳定悬停 30 秒，飞行 39.1 秒后再次着陆火星表面。4 月 20 日，"毅力"号携带的"火星氧气原位资源利用实验"仪器利用火星上稀薄的二氧化碳，以 6 克/小时的速度制造氧气，运行 1 小时后，制出的总氧量约为 5.4 克，可供航天员正常活动约 10 分钟。这是人类历史上首次在地外天体制取氧气，该技术未来可用于研制航天员生保系统或返回任务所需的火箭燃料。

美国太空发展局将增加卫星间激光链路　4 月 23 日，美国太空发展局（SDA）将增加"下一代太空体系架构"传输层卫星的激光星间链路数量，以支撑美国国防部"联合全域指挥控制"。传输层由通信卫星组成，旨在实现国防部指挥和控制网互联互通，并连接所有作战域的武器系统，实现传感器与射手的有效配合。SDA 计划于 2022 年底开始发射"下一代太空体系架构"0 批 20 颗传输层卫星和 8 颗跟踪层卫星，并于 2024 年发射 1 批的 144 颗卫星。SDA 将为每颗 1 批传输层卫星配置 3～5 条激光链路，以加强互联。

美国太空司令部采取行动加强网络整合　4 月 27 日，美国太空司令部司令迪金森在参议院听证会上表示，该司令部正在内部筹建专门的联合网络中心，以便更好地与美国网络司令部实现整合。由于太空能力的网络安全和弹性需求日益受到重视，因此太空军于 2 月开始招募网络安全专家以应对太空威胁。太空司令部也意识到，必须投资变革性技术、提高能力和决策速度、纳入网络作战能力以实现灵活性和弹性，并利用机器学习和人工智能的技术进步来确保太空系统安全。

5 月

美国"星船"样机首次成功实现高空起降试飞　5 月 5 日，美国 SpaceX 公司"星船"SN15 全尺寸样机成功完成 10 千米高空起飞 – 降落试验。样机从试验场点火升空后 4 分钟，3 台"猛禽"发动机依次关机，飞行至 10 千米后，箭体前部和尾部的 2 对气动翼调整角度，使箭体调姿至水平状态自由下落，下降至 500 米时 2 台"猛禽"再次启动，并在气动翼的配合下使箭体调整为垂直状态，触地前打开着陆支架，安全着陆。此次试验成功，标志着美国的新一代重型完全可重复使用运载器研制取得了重大进展。

美国太空军提出建设"数字化太空军"愿景　5 月 6 日，美国太空军发布《美国太空军数字化军种愿景》，提出将太空军建设成一支互联互通、创新、数字化主导的力量，为此将开展数字化转型：①数字化工程，建立可互操作、弹性、安全的数字工程生态系统，快速将成熟的创新概念发展成一体化解决方案，加速提供关键作战能力；②数字化人才，培养技能娴熟的数字化人才；③数字化总部，摈除官僚机构，推进以数据为依据的决策；④数字化作战，利用互联互通的基础设施和数字化人才，推动在太空、从太空、向太空的联合全域作战概念发展。

美国太空探索技术公司"猎鹰" – 9 火箭助推器实现 10 次复用　5 月 9 日，"猎鹰" – 9 火箭当日将 60 颗"星链"卫星送入预定轨道，火箭一级助推器成功回收，成为首枚重复使用 10 次的助推器。多年前，太空探索技术公司将"猎鹰" – 9 火箭一级助推器能重复使用 10 次作为重要目标，以证明投资合理性，此次发射实现该目标。

美国中佛罗里达大学斜爆震发动机研究取得进展　5 月 10 日，中佛罗里达大学在美国海军研究实验室资助下，成功试验了缩比型、以高纯氢和空气混合连续爆炸驱动的斜爆震发动机。研究人员为该发动机设计制造了0.76米长的一连串腔室，通过混合加热高纯氢气和空气并将气体加速至高超声速，实现了斜激波起爆；发动机爆震波实现驻定约3秒。试验中发动机爆震波可稳定在特定位置，不发生移动。研究人员强调，此次试验是实现真实斜爆震发动机和未来高超声速推进系统的重要一步。

美国政府问责署（GAO）发布《国防导航能力技术评估》报告　5月10日，GAO发布《国防导航能力技术评估》报告，对国防部将GPS作为国家"定位导航与授时"（PNT）能力核心基石的策略提出质疑，并对国防部正在发展的可替代PNT技术进行了评估。报告认为，GPS信号易被敌人干扰，国防部需努力发展可替代技术；由于缺乏国防部统一领导，未建立明确的PNT技术标准，导致国防部持续依赖GPS。报告提出6项建议：①加强国防部相关机构间的合作；②关注弹性系统；③明确需求；④加强与工业界的协同合作；⑤制定开放式体系架构制度；⑥分析缺陷。

美国太空军考虑部署雷达小卫星跟踪地面移动目标　5月12日，美国太空司令部司令雷蒙德表示，美国空军和太空军正在积极研究部署"地面移动跟踪指示器"（GMTI）卫星概念。美国空军长期依靠E-8C联合监视目标攻击雷达系统（JSTARS）飞机识别地面移动目标，这需要大量机组人员参与并面临敌方防空导弹攻击威胁。雷蒙德称，GMTI雷达星将取代部分JSTARS传感能力。天基GMTI系统将超越空基平台的限制，可在各种对抗环境中使用。

美国太空军将为实现数字整体架构投资数十亿美元　5月17日，美国太空军计划未来十年投资数十亿美元，将太空数据转移到数字整体架构中；实施"数据即服务"数据管理战略，即利用云平台整合信息并通过人工智能工具分析数据，进而加速数据处理和方案交付速度。此前，帕兰蒂尔公司已获美国空军价值 4250 万美元的合同，整合太空军、空军和北美空天防御司令部使用的数据，并开发"数据即服务"的工具。

美国太空军成功发射"天基红外系统"导弹预警卫星 5 月 18 日，美国太空军使用联合发射联盟"宇宙神"－5 火箭，将"天基红外系统"第 5 颗地球同步轨道（SBIRS GEO－5）卫星发射升空。该卫星由洛克希德·马丁公司研制，采用安全性能增强的 LM2100 卫星平台，搭载扫描型和凝视型红外探测载荷，用于替换 2011 年部署的第 1 颗地球同步轨道卫星。"天基红外系统"是美军现役导弹预警卫星系统，由 4 颗地球同步轨道卫星和 4 个大椭圆轨道载荷组成，可探测全球导弹发射活动。

韩国将加入 NASA "阿尔忒弥斯"载人登月计划 5 月 18 日，韩国外交部、科学与信息通信技术部就参加美国国家航空航天局（NASA）"阿尔忒弥斯"计划与美国展开了谈判，预计在 5 月 21 日美韩首脑会谈前达成协议。韩方表示，澳大利亚、加拿大、日本、卢森堡、意大利、阿联酋和英国与美国签署"阿尔忒弥斯协定"以来，韩国一直致力于加入"阿尔忒弥斯"计划，NASA 对此也表示支持。

澳大利亚国防部宣布成立太空部门 5 月 19 日，澳大利亚国防部将于 2022 年初在堪培拉组建太空部门。该部门将隶属澳皇家空军，未来 10 年将获得约 70 亿澳元投资，主要任务是提升太空态势感知、卫星通信、对地观测、导航等太空能力，以支撑澳国防部开展多域作战。澳国防太空领域负责人表示，成立该部门旨在满足国防需求，不代表将推进太空军事化，所有太空行动都会遵循国际国内的法律。

俄罗斯国家杜马通过废止《开放天空条约》的法案 5 月 19 日，俄罗斯国家杜马全票通过关于废止《开放天空条约》的法案。此前，美国特朗普政府以俄违反条约为由，于 2020 年 11 月首先退约。该条约允许缔约国按规定对彼此领土进行非武装方式的空中侦察，是冷战后建立的重要信任措施。2002 年生效以来，已经进行 1500 多次侦察飞行。俄罗斯退出该条约还需获得议会上院批准，并由总统普京签署生效。俄罗斯表示，如果美国重返协议，其愿意继续履行条约。

美国国防部发布更新版《保护技术和项目以维持技术优势》指令 5 月 21 日，美国国防部研究与工程副部长办公室发布了更新版 5000.83 指令《保护技术和项目以维持技术优势》。该文件旨在为国防部科技官员、主要系统工程师明确职责并制定政策和规程，以帮助其管理系统安全和网络安全技术风险。该指令还明确，将通过"技术领域保护计划""科技保护计划和项目保护计划"管理相关活动，保护、促进当前和未来的作战能力，以及项目的技术创新。

美韩同意废除限制韩国导弹射程的《导弹协定》 5 月 21 日，美国总统拜登和韩国总统文在寅在白宫举行会谈并发表联合声明，双方同意废除长期以来限制韩国发展导弹的《导弹协定》。根据该决定，韩国发展和部署导弹将不再受限。《导弹协定》于 1979 年首次签署，经过数次修订，最终确定将韩国弹道导弹射程限制在 800 千米内。此外，两国还重申有条件地将韩国军队战时作战控制权从美国过渡到韩国，并同意深化网络和太空领域合作。

美国"太空船二号"首次成功完成载人亚轨道试飞 5 月 22 日，英国维珍银河公司"太空船二号"完成两年来的首次载人亚轨道飞行。"太空船二号"于 10 时 34 分搭载飞行员斯考特和麦凯从新墨西哥州太空港起飞；11 时 26 分，其混合动力火箭发动机点火，与"白色骑士二号"载机分离，发动机工作约 60 秒；随后，其沿亚轨道上升，最高飞行高度为 89.2 千米；11 时 43 分安全着陆。此次飞行旨在测试"太空船二号"升级后的水平稳定装置结构和飞行控制系统，试验证明了飞行系统的安全性，有利于进一步发展太空旅游计划。

美国海军对高超声速导弹发动机进行点火试验 5 月 27 日，美国海军成功完成高超声速导弹助推器第一级发动机的首次点火试验。该发动机由诺斯罗普·格鲁曼公司开发，将用于海军"常规快速打击"（CPS）武器和陆军"远程高超声速武器"（LRHW）的助推器。这两种武器将由"通用型高超声速滑翔体"和助推器组成，分别采用海基或陆基发射系统。美国海军称，此次试验将促进两军在 2022 财年开展联合飞行试验。

欧洲航天局发布《2021 年度太空环境报告》 5 月 31 日，欧洲航天局（ESA）发布的《2021 年度太空环境报告》认为，人类当前的太空行为模式不可持续，一方面，太空物体的数量、总质量及分布区域不断扩大；另一方面，多数低轨卫星运营商没有可持续的方式将其失效卫星从太空移除。ESA 正在开发自动化系统，以便在拥挤的轨道环境下实现卫星主动避碰。报告认为也有一些乐观现象：一是越来越多的火箭实现可控再入，因而大部分箭体能从太空中移除；二是地球同步轨道已实现高度商业化，多数运营商尝试移除失效卫星，且大部分取得成功。

6 月

美国太空军将设立商业服务办公室 6 月 2 日，美国太空军将设立商业服务办公室，用于评估和保障面向军队的商业服务。为满足国防部需求，太空系统司令部下的"商业卫星通信办公室"将调整为"商业服务办公室"，以承担更广泛的责任，其监管范围将从商业卫星通信拓展至情报、监视和侦察。该办公室将确定新的商业能力带来的军事效能及其成本效益，并寻求工业界提供服务，包括商业卫星图像、太空态势感知数据等。

美国空军研究利用商业运载火箭实现 1 小时全球货物到达　6 月 2 日，美国空军 2022 财年预算将"火箭货运"项目纳入其"先锋"项目，并申请了 4790 万美元的预算，以研究利用商业火箭开展地球货物运输的能力。该项目将通过建模分析火箭运输、空投军事物资的性能及成本，开展原型样机模拟测试，以期实现"1 小时将 100 吨货物运往全球任意地点"的愿景。美国空军表示，该投资的目标在于利用商业航天运载器满足特定军事需求。

美国总统拜登签署行政令将 59 家中国企业列入投资"黑名单"　6 月 3 日，美国总统拜登以"应对中国涉军企业威胁"为由签署行政令，将华为公司、中芯国际等 59 家中企列入投资"黑名单"，禁止美国公民与名单中所列企业进行投资交易。该行政令将于 8 月 2 日生效。此前，特朗普政府已将国防部提出的 44 家中企列入"军方企业清单"（CCMC），此次拜登则将财政部外国资产控制办公室（OFAC）确定的 59 家中企列入"NS－军方企业清单"，所列企业大部分已在 CCMC 之列，还增加了一批新企业。

美国国防部长签署"联合全域指挥控制"战略　6 月 5 日报道，美国国防部长奥斯汀于 5 月 13 日签署了"联合全域指挥控制"（JADC2）战略，旨在通过高带宽、高弹性的安全通信网络为所有部队提供数据传输服务，帮助作战指挥官在面临对手潜在威胁时高效做出决策。目前，美军各军种在数据、人员、技术、核指挥控制、任务伙伴环境 5 个关键方向开展了 JADC2 相关工作，包括启动空军"先进作战管理系统"项目、陆军"会聚工程"、海军"超越计划"等。

美国白宫发布供应链脆弱性评估报告　6 月 8 日，美国白宫发布《建立弹性供应链，振兴美国制造业，促进广泛增长》供应链评估报告，以落实拜登 2 月 24 日签署的开展供应链审查行政命令。报告涵盖 4 个行业领域：半导体制造与先进包装、大容量电池、关键矿物与材料、药物与活性药物成分，分别由商务部、能源部、国防部、卫生与公共服务部负责评估。报告指出，因投资不足与政策不利，导致供应链的脆弱性，诸多战略和关键材料企业转至海外，美国国内未生产出满足国防部需要的产品数量。报告建议美国政府采取以下行动：①组建生产基本药物的公私联盟，卫生与公共服务部对此投入 6000 万美元；②利用能源部贷款授权，投资生产先进的汽车电池，建立新的制造厂；③建立"贸易打击小组"，针对不公平贸易行为进行执法；④制定并实施用于制造业设施与基础设施项目的融资计划。

贝佐斯宣布即将搭乘自己的商业载人系统进入太空 6月8日，亚马逊和蓝色起源公司的创始人杰夫·贝佐斯宣布，将与弟弟马克在 7 月 20 日搭乘蓝色起源公司研制的"新谢泼德"号乘员舱/可重复使用火箭进入太空，成为该商业载人亚轨道飞行的首批乘客。"新谢泼德"号乘员舱可携带 6 名乘客到达距地面约 100 千米高空，其与火箭分离后靠降落伞返回地面，火箭垂直着陆并可重复使用。

美国参议院通过一项 NASA 授权法案支持"载人着陆系统" 6月8日，美国参议院通过总额 2500 亿美元的《美国创新与竞争法案》中，包括美国国家航空航天局（NASA）的一项授权法案。该法案对 NASA"载人着陆系统"项目的相关规定进行了补充，并为项目投资 100 多亿美元，要求 NASA 在 60 天内选出第二家商业公司作为"载人着陆系统"供应商。

美国官员称国防部将加速交付高超声速武器 6月9日，美国国防部研究与工程副部长办公室负责高超声速武器的项目主管怀特表示，国防部在 2022 财年预算申请中为开发、部署高超声速武器等远程火力申请了 66 亿美元，目标是在 2025 年前试验并生产空基、陆基和海基武器。此外，美国还在开展高超声速系统技术研究；除研发进攻性高超声速技术外，国防部还在研究高超声速系统的防御措施，以具备拦截处于发射段、滑翔段和末段来袭导弹的能力。

美国太空军将发射第五颗 GPS－3 卫星　6 月 14 日报道，美国太空军计划 6 月 17 日发射第五颗 GPS－3 卫星。该卫星升空后，配备军用 M 码信号的 GPS 卫星将达 24 颗，包括 7 颗 GPS－2RM、12 颗 GPS－2F、5 颗 GPS－3 卫星，以支持全球用户通过 M 码获得高精度定位导航授时服务。美军计划 2022 年实现 GPS－3 卫星的数字能力，2023 年起使用下一代地面控制系统和用户设备，支持军用 M 码全面运用，使 GPS－3 系统具备初始作战能力。

韩国推进实施新的工业合作配额制度　6 月 15 日，韩国将实施新的工业合作配额制度，优先联合生产和出口，以增强国防工业在国内和国际市场的竞争力。该制度一旦获批，韩国国防采办计划局（DAPA）将制定和实施支持新的工业合作配额系统的法规和指南。此举将改变韩国国防工业合作政策的优先事项，从传统的优先获取国防技术改为优先促进国防工业发展和国防出口。

巴西签署《阿尔忒弥斯协议》　6 月 15 日，巴西正式签署《阿尔忒弥斯协议》，成为第十二个签署该协议的成员国。巴西科技与创新部部长庞特斯表示，签署该协议后巴西将有机会参与月球探测和其他航天领域的国际合作。迄今已有澳大利亚、加拿大、意大利、日本、卢森堡、阿联酋、英国、乌克兰、韩国、新西兰和巴西等 11 个国家签署了该协议。

日本通过太空资源法　6 月 17 日，日本国会通过《促进太空资源开发与利用相关商业活动的法案》。该法案规定，经日本政府准许，日本公司有权勘探、开采和利用各类太空资源。日本此项法案与美国 2015 年通过的《商业航天发射竞争力法案》以及此后卢森堡和阿联酋分别通过的相关法案相似，都授予本国企业开采太空资源的权利，但不涉及天体财产权，以规避违反《外层空间条约》。

印度兵工厂将重组为 7 家公司　6 月 18 日，印度内阁已通过决议，将兵工厂委员会管理的 41 家国有兵工厂改组为 7 家公司，以推进实现国防生产领域的自力更生。根据计划，7 家国有公司的主要业务领域包括：弹药和爆炸物、军用车辆、武器与装备、部队舒适用品（包括制服和其他服装）、光电系统、降落伞和配套产品。

美国国防部推出"人工智能与数据加速计划"　6 月 21 日报道，美国国防部即将推出一项"人工智能与数据加速计划"（AIDA），作为"联合全域指挥控制"（JADC2）战略的一部分。美国国防部将与美军各作战司令部、人工智能技术专家合作，通过 AIDA 研究如何将人工智能和数据信息用于作战。目前，美国陆、海、空三军分别通过"会聚工程""对位压制工程""先进作战管理系统"等项目支撑 JADC2 战略相关工作。

美国陆军推进商业卫星平台搭载军事载荷的研发与部署　6 月 24 日，铱星公司称已获得美国陆军 GPS 辅助载荷研发合同，该载荷可搭载在低地球轨道商业卫星星座上，可提供导航、制导和控制等 GPS 辅助功能。美国陆军计划通过该合同，支撑其快速部署小卫星星座的方案，开发更高效的"从传感器到射手"的数据传输能力；其上载荷将基于铱星公司"迸发"技术研发，可从太空同时向地面数百万个终端设备传输数据，有助于在战术层面提升作战人员的全域作战能力。

雷声公司组建行业团队为美国陆军开发 TITAN 地面站　6 月 28 日，雷声公司将与 7 家企业合作，为美国陆军开发可处理空天传感器数据的"战术情报目标瞄准接入节点"（TITAN）地面站。TITAN 地面站将可连接战场成像卫星、监视无人机和其他传感器融合并分析来自卫星、空中和地面传感器的数据，支持士兵和分析人员处理大量传感器数据。此外，诺斯罗普·格鲁曼公司根据合同，正在为陆军开发原型 TITAN 地面站，以演示商业和军事卫星在提高战场感知能力方面的价值。

欧盟成员国启动"伽利略欧盟防御"军用 PNT 项目　6 月 30 日报道，欧盟 14 国和 30 家机构在 2021 年初共同启动了"伽利略欧盟防御"军用"定位导航授时"（PNT）应用开发项目，这将是"伽利略"系统规模最大的应用开发项目。该项目将持续至 2026 年，拟开发供所有欧盟成员国使用的军用 PNT 设备，包括公共监管服务安全模块、公共监管服务接收机、抗干扰受控辐射模式天线、通用/标准化测试环境、公共监管服务基础设施等。

7 月

美国太空司令部签署第 100 份商业太空数据和服务共享协议　7 月 1 日，美国太空司令部与非营利实体自由太空基金会签署该司令部第 100 份商业太空态势感知（SSA）数据共享协议。自由太空基金会成员涵盖 26 个国家、2 个政府间组织和 3 个学术机构。这些国家通过该协议加强了太空领域的合作，简化了从美国太空司令部太空联合作战中心收集重要信息的流程。

俄罗斯发布新版《国家安全战略》　7 月 3 日，俄总统普京批准新版《国家安全战略》。该战略共五章，总体继承了 2015 年版战略的框架，并根据当前形势做出调整：一是明确国家安全的 8 项"国家利益"和 9 大"战略重点"，并将"人民生活质量及健康水平"置于"国家利益"首位，首次将信息安全纳入"战略重点"。二是对美外交策略做出调整，删除上版关于"在平等基础上同北约发展关系以及与美在武器控制、反恐、解决地区冲突等领域合作"的内容。三是针对美国及北约构成的军事威胁，表示将进行强硬回击，同时强调优先使用政治外交等手段解决争端。四是强调基于国内潜力提升经济安全，继续实施进口替代计划。提出经济安全的重要条件是：在保持与其他国互利合作的前提下，独立解决面临的问题。五是重视信息安全、强化信息主权，以应对他国利用信息和通信技术干涉内政、破坏主权、侵犯领土完整的行为。

日本计划利用 NASA"阿尔忒弥斯"－1 任务搭载发射立方星　7 月 2 日，日本宇宙航空研究开发机构（JAXA）和美国国家航空航天局（NASA）签署协议，将在 NASA"阿尔忒弥斯"－1 任务中搭载 2 颗 JAXA 的立方星。这两颗立方星包括："地月平衡点 6U 航天器"（EQUULEUS），将飞往地月系统第二拉格朗日点 L2，执行关于地球等离子层的科学任务；"由半硬质撞击器验证的先进月球探测技术"（OMOTENASHI），将验证超小型航天器着陆技术的可行性，并在月球附近监测辐射情况。

美国国防部公布"联合作战人员云能力"合同　7 月 6 日，美国国防部公布了将有多个供应商参与的"联合作战人员云能力"合同，并取消此前与微软签订的"联合整体防御基础设施云"（亦称"绝地云"）合同。"联合作战人员云能力"可为从指挥部到战场的美军提供急需的云能力，协助美国国防部开展联合全域指挥控制、人工智能和数据加速计划。该合同预计 2022 年 4 月前授出，价值数十亿美元。

美国空军首次成功引爆 AGM－183A 高超声速导弹战斗部　7 月 8 日综合报道，近期，美国空军第 780 试验中队在埃格林空军基地圆形屏障阵列的地面上，成功引爆了 AGM－183A"空射快速响应武器"高超声速导弹的高爆破片战斗部，收集了有关爆炸威力、爆炸产生的破片范围和分布等杀伤力数据。该试验首次采用了非常规设计的新场地、新试验流程和设备，进行了弹头破片数据收集及测试后数据处理等，进而确保准确表征弹头效果。

美国太空军设立"交会与逼近卫星作战中心"　7 月 7 日，美国太空军太空与导弹系统中心设立"交会与逼近卫星作战中心"。该中心的主要目标是推进处于起步阶段的太空作战能力，主要任务是开展卫星样机和有效载荷的在轨试验与演示验证、开发创新的作战概念、验证改变游戏规则的颠覆性技术。该中心采用了创新的架构，引入最新技术，使操作人员能同时指挥多项任务。

英国维珍银河公司完成首次满员载人亚轨道试飞　7月11日，维珍银河公司的"太空船二号"携带2名飞行员和4名乘客完成了载人亚轨道飞行。"太空船二号"由"白骑士"载机携带，从新墨西哥州太空港起飞，飞至15千米高空时由载机释放，随后其混合火箭发动机点火工作60秒，将速度升至马赫数3，到达86千米最高点后，开始下降、减速，最终在太空港跑道上水平着陆。此次飞行对客舱环境、人体失重、对地观景等进行了测评，验证了科研条件和太空旅行培训方案。

日本发布2021年《防卫白皮书》　7月13日，日本发布新版《防卫白皮书》，强调日美同盟已变得比以往任何时候都更加重要，提出日本将以日美同盟为基石，与澳、印、英、法、德等相关国家积极合作，维护和加强"自由开放的印太战略"；强调发展太空、网络、电磁等领域的新兴能力，并与陆、海、空传统领域能力融合，构建多域联合防卫力量；通过加强人才、技术与工业基础，以及重新评估装备体系等方式，增强核心防卫力量。该白皮书首次设立中美关系章节，称中国在台湾周边空海活动日趋频繁，美对台支援不断强化，中美关系更加紧张；中美在人工智能等领域的科技竞争将加剧；首次使用"台湾形势的稳定对日本国家安全乃至国际安定至关重要""日本必须加大关注力度"等表述；称中国军力发展对日本和国际安全带来威胁，特别提到"中国正快速提升海上作战能力，海军舰船规模超过美国海军"，并质疑中国的《海警法》。白皮书还就应对新冠疫情、防卫支出、朝鲜发展核武器及可变轨导弹、俄罗斯加强远东地区新型装备部署等进行了阐述。

NASA 启动核热推进系统的反应堆概念研究　7月13日，美国国家航空航天局（NASA）选定由 BWX 技术公司、通用原子能电磁系统公司、超安全核技术公司牵头的3个团队开展核热推进反应堆的概念研究，同时考虑为星体表面核动力系统研究提供经费。合同要求，3个团队分别开展工作，所提交的设计成熟度要达到反应堆最终设计的30%"保真度"，并证明原型反应堆建造在成本和时间上的可行性。

德国国防部成立太空司令部　7月13日，德国国防部宣布成立太空司令部。该司令部的主要任务是监测外空威胁、保护卫星、跟踪太空碎片等。德国国防部长卡伦鲍尔表示，鉴于太空对国家的重要性日益增加，军队对太空数据、服务和产品愈加依赖，因而成立该司令部。此前，德国成立了侧重于太空防御的航空航天作战中心，且德国空军通过德国宇航中心监测太空资产，下达装备机动命令，向商业运营商推荐卫星规避路线。

美国披露空军 AGM-183A 高超声速导弹更多细节　7月14日，美国国防部在发布的"高性能计算现代化项目"年度报告中，披露了美国空军 AGM-183A 高超声速导弹的部分技术参数：弹长5.9米，直径0.658米，重量2.3吨级，射程超过926千米，速度约马赫数10；其滑翔体携带了重量为68千克级的高密度钨合金破片战斗部，但即使末段高速冲击，其有效性也限于攻击软目标，如固定的雷达；能接收 GPS 数据明确固定目标的坐标，但缺乏飞行中更新目标位置的能力，且未配备射频或光学传感器以独立获取目标数据；首批次导弹单价约为1300万美元。该报告暗示，该导弹可能不适合打击移动目标、可重新定位目标，以及加固掩体或地下掩体保护的目标。

美国陆军 LRHW 和海军 IRCPS 高超声速武器启动技术升级　7 月 16 日，美国陆军和海军即将启动高超声速导弹项目的技术升级，预计 2025 财年实现作战能力。陆军"远程高超声速武器"（LRHW）及海军潜射/水面发射的"中程常规快速打击"（IRCPS）项目采用相同的高超声速导弹，该型弹由"通用型高超声速滑翔体"和两级助推器组成，配备一个"运输和起竖发射箱"。2023 财年，陆军将部署首个 LRHW 导弹连，用于打击雷达、通信天线等固定目标；LRHW 计划比 IRCPS 提前 2 年投入使用。

美国国防部长要求国防部遵守太空规范　7 月 19 日，美国国防部长奥斯汀签署一份非密正式备忘录，要求国防部遵守一系列太空军事活动规范，包括五大原则：①以专业的方式在太空、从太空、到太空、通过太空进行活动；②限制长期留轨碎片的产生；③避免造成有害干扰；④保持安全分离和安全轨迹；⑤通过沟通和告知提高太空区域的安全性和稳定性。备忘录要求，太空司令部司令迪金森根据这些原则，进一步制定具体行动指南，并呈报国防部长；负责政策的国防部副部长卡尔负责在美国国内和国际上推行这些原则。这是美国国防部首次将相关事项从口头承诺落实到正式文件中。

俄罗斯成功试射"锆石"高超声速导弹　7 月 19 日，据俄罗斯国防部发布的视频显示，俄海军 22350 型"戈尔什科夫海军上将"号护卫舰从白海发射的"锆石"高超声速导弹，成功击中位于巴伦支海沿岸的地面目标。俄罗斯国防部称，"锆石"射程超过 350 千米，速度接近马赫数 7，其战术与技术特性得到了确认。

欧洲机械臂将在国际空间站执行多种任务　7 月 21 日，欧洲航天局的"欧洲机械臂"（ERA）随俄罗斯"科学"号多用途实验舱一起，由"质子"运载火箭送往国际空间站。ERA 是首个能绕国际空间站俄罗斯舱段

"行走"的机器人,由空客防务和航天荷兰分公司团队设计并组装。ERA 长11 米,有 7 个关节,可前后移动,最大可操纵 8 吨载荷并进行大范围运动,远程操作精度为 5 毫米;能够自主或半自主执行任务,可通过预先编程控制或实时控制;可由国际空间站内外的航天员操作;其首项任务是建立气闸并为"科学"号安装大型散热器。

美国蓝源公司成功完成首次载人太空飞行 7 月 20 日,蓝源公司"新谢泼德"号载人飞行器从得克萨斯州蓝源一号发射场发射升空,完成首次载人太空飞行,此次任务搭载了 4 名乘客。运载火箭搭载"新谢泼德"飞行器以马赫数 3 的速度飞至距地 100 千米的轨道,将其释放;"新谢泼德"进入失重状态,自主飞行数分钟,达到 107 千米的最高点后,开始降落并顺利返回发射场,整个飞行持续约 10 分 10 秒。

日本测试脉冲爆震发动机 7 月 27 日,日本宇宙航空研究开发机构(JAXA)表示完成了脉冲爆震发动机的测试。该发动机由甲烷和氧气混合物燃烧形成的冲击波提供推力。试验中,装配该发动机的 S-520 探空火箭从鹿儿岛县发射升空,发射 4 分 04 秒后,长 8 米、直径 52 厘米的 S-520 火箭到达 235 千米的高度,约 8 分钟后溅落于内仓村东南海域;JAXA 随后在该海域取回装有测试数据的舱室。此次测试表明该发动机保持了预期的推进能力,该技术预计 5 年后投入实际应用。

以色列开发向月球和火星基地供应氧气、食物和水的系统 7 月 27 日,在以色列创新、科学与技术部和航天局的资助下,4 个研究团队正在开发利用藻类和细菌为月球或火星基地的航天员提供氧气、食物和水的系统,以及二氧化碳和人类排泄物的回收系统。其中,巴伊兰大学藻类生物技术中心负责微生物技术和自动化生长系统中的生物学研究,沙漠和死海研发中心负责极端生活环境中生物的分子生物学研究,巴伊兰大学化学系研究太空燃料和贮箱的金属表面对藻类和细菌生长的影响，阿夫卡工程学院负责工程领域的技术开发。

美国太空探索技术公司实现每 48 小时生产 1 台"猛禽"发动机的能力
7 月 28 日，SpaceX 公司宣布其霍索恩火箭工厂完成第 100 台"猛禽"火箭发动机的建造。公司创始人马斯克称，29 个月完成了 100 台发动机建造，目前已实现每 48 小时建造 1 台"猛禽"发动机的生产能力；当前正在对飞往月球和火星的"星船"载人/货运飞行器及其重型运载火箭开展试验，需要大量的"猛禽"发动机。他表示，位于得州麦格雷戈的第二家"猛禽"发动机制造工厂已开工建设，最终将形成每天 2～4 台发动机的生产能力，以满足 2050 年火星城建设的需要。

美国太空军：必须认真审视核能与核推进带来的优势和机遇 7 月 28 日，美国太空军副司令表示，由小型核反应堆推进的航天器可用于执行深空军事任务。目前的电推进和化学推进系统在执行深空长期任务方面存在局限性，而核推进在效率方面具有显著优势。太空军目前没有地球轨道以外的任务，但将来可能承担此类任务。美国太空军设想能在地月空间部署卫星或其他航天器，这对太阳能等传统技术提出了挑战。为长期运行太空系统，必须认真审视核能和核推进带来的优势和机遇。

英国成立太空司令部 7 月 29 日，英国空军举行仪式，授予 8 名成员首批"太空作战人员"徽章，此举标志着英国太空司令部正式成立。该司令部将负责监管国防部的太空能力发展、太空作战、培训，以及太空装备项目开发和交付能力。该司令部实现全面作战能力后，将指挥控制英国太空作战中心、菲林戴尔斯空军基地、"天网"卫星通信系统等军事太空能力。

俄罗斯舱段误点火致国际空间站翻转 7 月 29 日，俄罗斯"科学"号多用途实验舱于美国东部时间 29 日上午 9 时 29 分与空间站"星辰"号自动对接，12 时 34 分其推力器发生原因不明点火，8 分钟后空间站姿态失控，在推力器关闭前至少偏转了 45°；至 13 时 28 分空间站姿态控制得以恢复。

国际移动卫星公司计划建设大型低轨卫星星座　7 月 29 日，英国卫星运营商国际移动卫星公司计划研制部署由 150 颗低轨卫星组成的"管弦乐队"（Orchestra）星座，用以改善该公司在海事、航空、政府和企业等核心市场上通信服务的时延、网速和韧性。该公司首席技术官称，该项目第一步是建设一个地面 5G 层，然后部署低轨层，从而能应对因更偏远而无法采用地面手段、但又需求集中的地方通信，并通过混合网络满足偏远地域国防力量，以及港口船舶对强大网络能力的需要。公司将在未来 5 年投入 1 亿美元为部署该星座奠定基础。预计 2026 年开始进行低轨卫星发射。

美国空军启动新"数据和人工智能倡议"　7 月 30 日，美国空军首席架构师宣布，基于国防部的"人工智能和数据促进倡议"，空军已启动"数据和人工智能倡议"，正通过新倡议开发产品，以便为空军和太空军提供数据支援服务，并在未来实现空军和太空军一体化的架构。美国空军在 7 月底已完成架构的第五次演示与评估，启动了异构电子系统的体系技术集成工具链从国防先期研究计划局向空军转移的工作，该工具链可在不同网络间传输数据。

8 月

俄罗斯正在研制 Kh – 95 新型远程高超声速导弹　8 月 3 日报道，俄罗斯总参谋部军事学院院长扎鲁德尼茨基 7 月发文称，在航空航天领域拥有绝对优势是陆军和海军在战争中取胜的重要条件。为此，俄罗斯空天军正在研发一系列新型和升级款武器，以及军事和专业技术装备，包括 Kh – 95 远程高超声速导弹、可携带战略导弹的图－160M 轰炸机、"匕首"机载高超声速导弹系统、高精度空基远程武器等。

日本采用商业融资方式为月球着陆器计划筹集经费　8 月 4 日，总部位于东京的 iSpace 公司完成了"月球着陆器计划"新一轮（C 轮）融资，该公司通过一家名为"孵化基金"的日本风险投资基金机构牵头，筹集了 7 个投资商共 4600 万美元的投资。2014 年以来，经过几轮融资，iSpace 公司已筹集了近 2 亿美元。按计划，该公司将于 2022 年发射首个商业月球着陆器"任务 1 号"，2022 年和 2023 年发射"任务 2 号"和"任务 3 号"月球着陆器。

美国发布《国家空间太阳能战略》总统政策令草案　8 月 5 日，美国发布《国家空间太阳能战略》总统政策令草案，提出开发空间太阳能发电系统，为地球提供净零碳商用电力。草案建议：一是遵循安全和可持续性原则，发展民用和商业空间太阳能电站。二是白宫应指定美国国家航空航天局负责组织开发，其他政府机构和私营部门参加，并通过国际合作发展空间太阳能系统。三是提出了路线图，重要节点包括：21 世纪 20 年代中期，识别和发展关键技术，发展空间太阳能系统基础技术，开发空间太阳能电站建造能力；20 年代中后期，解决频谱管理等问题，演示功率大于 1 千瓦的空间太阳能发电系统；20 年代末期，演示功率大于 100 千瓦月球表面太阳能电站，启动初始功率 100 兆瓦空间太阳能试验电站项目。

美国国防部发布《电磁频谱优势战略》实施计划　8 月 5 日报道，美国国防部长奥斯汀 7 月 15 日签署《电磁频谱优势战略》（2020 年 10 月发布）的实施计划，内容包括：成立高级监督团队，编制整合联合电磁频谱行动的流程；将《电磁频谱优势战略》的监督职责转交国防部首席信息官，以确定维持电磁频谱优势所需的方法和关键事项；制定电磁频谱领域的投资顺序；2021年秋在战略司令部下创建新的联合电磁频谱作战中心（JEC），负责评估和确认联合电磁频谱作战战备情况，确定联合作战部队的能力缺陷，进行作战风险评估。该中心将与有关军事教学中心协调，提供联合电磁频谱作战课程与认证，为其他作战司令部提供培训支持。

加拿大安大略省政府投资"光速"低轨宽带星座项目 8月6日，加拿大安大略省政府与卫星通信公司（Telesat）达成价值8700万美元的协议，以利用2023年投入使用的"光速"低轨宽带星座，为加拿大通信受限地区提供高速互联网和蜂窝网络服务；通过投资与技术创新，增强安大略省在高新战略太空经济前沿的影响力。此外，加拿大联邦政府也与该公司签订了类似协议，政府将为农村地区宽带服务补贴约4.8亿美元。

美国赫梅斯公司将研发高超声速客机 8月6日，赫梅斯公司（Hermeus）获美国空军为期3年、总额6000万美元的合同，将建造3架"夸特马"飞机原型机，测试全尺寸可复用高超声速推进系统，可为兵棋推演提供数据。公司希望开发世界首架可复用高超声速飞机，为客户提供商用飞机平台选择，这些平台可针对空军长期任务进行改进。

美国将在普渡航天区建造首个高超声速地面试验中心 8月9日报道，普渡大学将在临近校区的普渡航天区建立高超声速地面试验中心。该中心为共享设施，将提供多个试验间和实验室，支持用户进行马赫数3.5～5或4.5～7.5范围的试验，可供多家企业同时开展工作。中心设施提供长期租赁服务，可确保企业按其进度表进行试验，其知识产权及机密内容也将得到充分保护。

俄罗斯首个"先锋"高超声速导弹团将于2021年底进入战斗值班 8月10日报道，俄军首个"先锋"高超声速导弹团将于2021年底进入战斗值班；第二个"先锋"导弹团将于2023年进入战斗值班。有分析称，部分配装"先锋"的导弹团已于2019年底在俄奥伦堡州执行战斗值班。

韩美将加强太空安全合作　8月11日，韩美两国在第四次特别政策对话中表示，将在民用、政府和军事层面全面系统地开展两国太空安全合作。双方讨论了建立安全可靠和可持续太空环境所面临的威胁；确定在态势感知方面开展双边合作，以探测、跟踪和识别具有碰撞风险的在轨物体。

美国太空军启动"太空创新工场"项目　8月12日，美国太空军面向小企业启动"太空军创新工场"（SpaceWERX）项目，该项目是"空军创新工场"的太空分支，旨在利用私营机构的创新能力，加速创新技术成果转化。竞标企业将竞标3400万美元的"小企业创新研究计划"合同。该项目还将为具有商业可行性的战略性技术提供经费和技术支持，以在2～4年使相关技术形成作战能力。

美国"红外载荷样机"将为导弹跟踪传感器收集数据　8月10日，诺斯罗普·格鲁曼公司发射的"天鹅座"NG-16飞船搭载了"红外载荷样机"，用于收集低轨环境红外数据。飞船离开空间站后，样机将与飞船分离，并在再入大气层燃烧之前收集相关数据。该样机是一台质量约50千克的多光谱相机，由诺斯罗普·格鲁曼公司按照美国太空发展局和导弹防御局授予的合同开发。太空发展局将利用收集的红外数据，开发可探测高超声速导弹和其他先进武器的热传感器。

美国太空军成立太空系统司令部　8月13日，美国太空军基于太空与导弹系统中心（SMC），正式成立第二个直属司令部太空系统司令部（SSC），负责为作战人员研发、采办、部署弹性太空能力，职能包括实施太空军太空系统的开发测试、生产、发射、在轨检查和维护，并监管太空军科学与技术活动，掌管国防部85%的太空预算。太空系统司令部总部位于洛杉矶空军基地，负责管理第30、第45航天发射德尔塔部队、洛杉矶保障部队（原第61空军基地大队）、太空军的范登堡基地、帕特里克基地、佛罗里达州卡纳维拉尔角基地，以及将转移到太空军的空军生命周期管理中心战略预警和监视系统等部门，人员规模约1万人。

美国和加拿大国防部发布北美防空司令部现代化联合声明　8月14日，美加两国国防部长发布促进北美空天防御司令部（NORAD）现代化的联合声明。两国国防部将通过投资技术和系统、整合能力等措施，推进NORAD的现代化，以加强监视北美空天和海上潜在威胁。优先投资领域：①加强态势感知能力，用更先进的系统替代现役预警系统，包括采用下一代超视距雷达系统、确保监视有效性的全域传感器网络等。②指控系统现代化改造，以更好地集成全域传感器数据，形成全面通用作战图，支持更快、更准确地决策；研发弹性通信解决方案。③升级基础设施，加强NORAD的威慑和对抗航空威胁的能力。④加强研发和创新，利用两国的创新与合作优势实现上述目标。

美国太空军成立太空训练与战备司令部　8月23日，美国太空军在彼得森太空军基地成立太空训练与战备司令部（STARCOM）。该司令部将负责条令制定、军职和文职人员的训练和职业教育，以及协调基础训练和征兵工作。该司令部是美国太空军设立的第三个也是最后一个直属司令部，其下设的5个德尔塔部队分别负责训练、条令和兵棋推演、靶场与对抗、试验鉴定、教育。

美国航天基金会：虽受疫情影响，但全球航天经济呈增长态势　8月23日，该基金会发布的《2021年航天报告》显示：①2020年全球航天经济规模达4470亿美元，与2019年相比上涨4.4%。其中，商业航天产品与服务收入2194亿美元，商业基础设施与保障收入1372亿美元，商业领域收入占比79.8%。②美政府航天开支518亿美元，占比11.6%；其他国家政府合计384亿美元，占比8.6%。③尽管受新冠疫情影响，美、法、德政府和欧洲航天局2020年航天开支仍比2019年有所增加；俄、意、印度和巴西政府航天开支减少。④全球航天就业形势平稳，航天器制造就业人数增加，卫星通信就业人数减少。⑤2021年上半年，全球共实施61次航天发射，高于2020上半年的40余次，其中约20次发射实施了助推器回收。

NASA局长建议国际空间站运行延长至2030年　8月25日，美国国家航空航天局（NASA）局长尼尔森在第36届太空研讨会上向7个国家的航天局长表示，希望将国际空间站（ISS）的运行时间延长至2030年，并称"期待继续与俄罗斯合作"。此前，欧洲航天局（ESA）局长阿施巴赫在8月23日接受采访时表示，其个人支持延长ISS运行，并计划在2022年底ESA部长级会议上提出建议。德国航天局（DLR）负责人佩尔泽表示，德国大选9月结束后，会对ISS延长运行表态。

因液氧短缺影响美国商业航天发射计划　8月25日，太空探索技术公司在第36届太空研讨会上表示，由于德尔塔病毒变异毒株引起的新冠肺炎病人大量增加，导致医院呼吸机对液氧需求激增。公司现因缺乏液氧，影响了发射计划，确保液氧供应已成为供应链的最大问题之一。6月30日以来，该公司已近2个月未进行一次发射，被视为异乎寻常，按计划8月28日应进行一次发射。

美国与韩国将加强外空安全合作　8月27日，韩国空军参谋长朴仁浩与美国太空军司令雷蒙德在美国太空军彼得森基地进行会谈并达成协议。根据协议，韩国空军将加入美军领导的联合军演，以加强美军的太空防御能力；双方还将建立协商关于太空政策的联合机构，共享太空监视信息，并提高导弹防御等联合太空作战能力。该协议使双方正式成为太空安全伙伴。

国际空间站"曙光"号功能舱出现多个非穿透性裂纹 8月30日，俄罗斯能源火箭航天公司总设计师索洛维约夫表示，国际空间站航天员发现"曙光"号功能舱存在多个非穿透性裂纹。索洛维约夫认为，随着时间推移，"曙光"号的裂缝将会四处延伸。此前，"星辰"号舱段也曾发现多处穿透性裂缝。

美国国防部成立供应链弹性工作组 8月30日，美国国防部成立供应链弹性工作组，以解决目前限制供应链透明化的系统性障碍，开展供应链弹性评估，并制定有效的缓解措施。美国国防部表示，通过应对新冠疫情，揭示了关键医疗资源供应链存在的问题，反映出美国需要灵活的工业基础，而美国国会和美国国防部已将其视为优先事项。美国国防部工业政策负责人表示，工作组将制定有效机制，改进国防部的业务方式，加强供应链保护。

美国、乌克兰签署战略防御框架 8月31日，美国国防部长奥斯汀与乌克兰国防部长塔兰签署《美乌战略防御框架》，以加强两国国防部之间的战略防御伙伴关系。该框架确定美乌双边防御关系应重点关注但不限于以下6个优先事项：①通过训练计划，确保双边在安全领域的合作，确保美国的援助可有效帮助乌克兰抵御来自俄罗斯的侵略；②根据北约准则，在2014年以来取得重大进展的基础上，实施国防部门的改革；③满足乌克兰军队需求，包括提高国防采办透明度，实施公司治理改革，以及在影响未来安全环境的科技领域建立长期战略伙伴关系；④确保航行自由，有效应对所有领域的外部威胁和挑战，深化黑海合作；⑤阻止针对国家安全系统的恶意网络活动，对此类活动进行归因，并有效防御对手；⑥建立国防情报机构，以支持军事规划和防御行动，形成更紧密的伙伴关系。

9 月

美国众议院军事委员会迫使国防部使用商业太空 9 月 1 日，美国众议院军事委员会批准众议院修订版《2022 财年国防授权法案》，提出美国太空军只有证明没有可用的商业替代方案时，才可制定新的项目计划。这意味着美国国防部须更多地依赖于商业太空公司。

美国众议院军事委员会同意成立太空国民警卫队 9 月 2 日，美国众议院军事委员会批准众议院修订版《2022 财年国防授权法案》。该法案批准建立太空国民警卫队，作为美国太空部队的后备力量。虽然，美国军方领导人大多支持成立太空国民警卫队，但国会议员对此仍存在很大分歧，一些人质疑各国进行军事太空行动的成本和必要性。关于该问题，众议院批准的法案与参议院军事委员会 7 月份批准的国防授权法案相矛盾。

韩国计划十年投资 130 亿美元发展军事航天能力 9 月 7 日报道，美国取消"韩国导弹射程不能超过 800 千米"的限制后，韩国成立了由国防采办计划局副局长领导，国防部、参谋长联席会议、国防发展局等机构人员参加的特别工作组，以制定军事航天能力发展总体规划，推动相关法规、技术、行业和基础设施的发展。该工作组已批准一项近 130 亿美元的未来十年投资计划，用于发展本国军事卫星技术，并使韩国有能力开发更强大的火箭发动机。此前，韩国国家航天委员会于 2021 年 6 月制定了航天发展路线图，提出发射 110 颗军民两用卫星，包括军事侦察卫星、宽带通信卫星以及太空环境观测卫星。韩国提出进军商业航天领域，韩华集团计划在 2030 年前部署一个由 2000 颗卫星组成的低轨星座，并希望研制固体火箭及推进系统。

诺斯罗普·格鲁曼公司演示用于联合全域指控系统的空中数据链 9 月

8 日，诺斯罗普·格鲁曼公司成功演示了通过开放式架构网络，在强对抗空域连接飞机进行远程指挥控制的数据链。这是美国分布式多域作战管理指挥控制架构发展的重要里程碑。此次飞行试验是将高空、长航时研究飞机与具有载人飞行能力的无人驾驶飞机，通过一个具有低拦截概率、低检测特征、抗干扰特征的先进视距数据链连接起来，模拟执行了情监侦任务，并通过一个新型多级安全交换机样机，将试验信息传回基于云的 5G 网络测试台。诺斯罗普·格鲁曼公司称，该数据链技术基于先进的小尺寸、轻质和电力电子设备，可实现跨域集成和安全通信，支持国防部的联合全域指控系统。这次演示还首次集成了军事任务专用的新型收发器、多级安全数据交换机和开放式架构广域网络，从而将商业技术融入观察、定向、决策和行动（OODA）环。

美国国防部为中小型航天器寻求商用核推进系统 9 月 9 日，美国国防部国防创新小组（DIU）发布"用于地球轨道以远太空任务的小型核动力发动机"招标书，面向工业界寻求用于中小型航天器的核电推进。根据 DIU 文件，未来美军任务需要航天器具备更强的电力以实施频繁变轨机动、将其他物体转移到新的轨道，以及在地球轨道以远的空间运行。按 DIU 要求，中标者应在 3~5 年完成样机开发和制造。

朝鲜成功试射新型远程巡航导弹 9 月 12 日，朝鲜进行了新型远程巡航导弹试射。该型导弹按预设的椭圆和 8 字形轨迹，在朝鲜领土和领海上空飞行了 126 分钟、1500 千米后击中目标。朝鲜称，该型导弹是具有重大意义的"战略武器"。

韩国公布计划在 2022 财年启动的民用航天重点项目 9 月 14 日，韩国经济和财政部表示，航天部门申请了 2022 财年 5.53 亿美元的民用航天预算。启动的重点项目包括：①自主研制的新一代运载火箭。计划 2021 年 10

月完成低轨运载能力1.5吨的三级液体火箭KSLV-2首次发射，2026年推出运载能力更大、到达轨道更高、可发射月球轨道器的新一代韩国运载火箭，总投入6亿美元。②开发韩国卫星导航系统（KPS）。该系统由3颗地球同步轨道卫星和5颗倾斜地球同步轨道卫星组成，研制周期13年，总投入31.6亿美元。③研制韩国首颗月球轨道器（KPLO），计划2022年8月发射，用于月球成像，探测月球上的水，该项目2022财年预算申请为1700万美元。

载人"龙"飞船首次执行商业载人飞行任务　9月15日，SpaceX公司的载人"龙"飞船携载4名乘客进行了首次商业载人飞行，飞船已成功进入预定轨道。按计划，4名乘客将被带到575千米的轨道上，并进行3天环绕地球的"观光"飞行。这一高度高于国际空间站运行的420千米轨道，也高于航天员曾到达的"哈勃"望远镜547千米轨道。

朝鲜进行铁路机动弹道导弹发射　9月15日，朝鲜军队铁路机动导弹团进行了铁路机动导弹的首次发射。该导弹团当日凌晨接到任务命令，根据铁路机动导弹系统运行规范和行动程序，迅速转移并部署，随后对朝鲜东海800千米水域范围的设定目标实施了2枚导弹精确打击。此次任务的目的是验证首次实战部署的铁路机动导弹系统的实用性，评估新组建的导弹团备战状态和火力任务执行能力，熟练实战行动程序。

英国、美国和澳大利亚宣布建立新的防务联盟　9月16日，英国、美国和澳大利亚宣布成立名为"AUKUS"的防务联盟。英国首相约翰逊、美国总统拜登和澳大利亚总理莫里森发表共同声明表示：决心深化印度-太平洋地区的外交、安全和防务合作，以应对21世纪的挑战。声明还强调，将推进更深入的信息和技术共享，加强安全以及与国防相关的科学、技术、工业基地、供应链的深度整合；加强一系列安全和国防能力方面的深化合作；在 AUKUS 之下，增强三方联合能力和互操作性，并将工作集中在网络能力、人工智能、量子技术和水下能力等领域。三国将利用英、美专业技术，即日启动为期 18 个月的澳大利亚核潜艇联合项目，并实现互操作和互利。声明表示，澳大利亚承诺按最高标准遵守核保障措施、透明性、核安全验证与核材料衡算制度等，确保核材料与核技术不扩散、安保和安全，仍履行作为无核武器国家的所有义务，包括与国际原子能机构的合作。

NASA 为 2023 年发射的月球南极找水巡视器选定着陆区 9 月 20 日，美国国家航空航天局（NASA）宣布，已确定月球南极诺贝尔撞击坑西侧边缘作为 2023 年发射的月球"极地挥发物调查探测巡视器"（VIPER）着陆区。VIPER 的主要任务是在南极找水，其装备了可探测地表以下 1 米的钻头，以探测和量化水冰；将由太空机器人技术公司研制的"格里芬"着陆器送至月表。

美国太空军将接收首批陆军和海军转隶部队 9 月 21 日，美国太空作战部长雷蒙德宣布，太空军 10 月 1 日将接管陆军和海军移交的首批部队，包括陆军执行远程和宽带军事卫星通信任务的部队，海军执行窄带军事卫星通信任务的部队，并包括"移动用户目标系统"的地面和天基部分。美国太空军计划未来几年将接收陆军和海军在全球的 15 支部队，包括 319 个军事职位和 259 个文职职位。

美国国家航空航天局（NASA）进行内部重要重组 9 月 22 日，NASA 宣布，将原载人探索与运营任务部（HEOMD）拆解为两个新机构，即探索系统研制任务部（ESDMD）和空间运营任务部（SOMD），前者将负责"阿尔忒弥斯"载人探月计划关键系统和技术的研发，规划制定 NASA "从月球到火星"的探索战略，以实现载人登月和火星登陆；后者将负责载人航天发射、国际空间站项目，以及低轨载人航天商业化工作。NASA 局长纳尔逊强调，此次机构重组事关 NASA 太空探索的未来，成立两个独立的部门可确保对关键领域更集中监督管理。

美国太空训练与战备司令部制定国家太空试验和训练靶场架构路线图 9 月 24 日，美国太空军太空训练与战备司令部（STARCOM）司令布拉顿在美国空军协会空天赛博大会上表示，STARCOM 下属的战场司令部开始为新的国家太空试验和训练靶场制定未来 5 ~ 10 年的架构路线图，预计 2022 年 1 月完成。该架构路线图获得批准后，太空军将与业界沟通，并开始制定采购战略。

英国公布首份《国家航天战略》 9 月 27 日，英国公布其首份《国家航天战略》，阐述了英国航天愿景，明确了五个目标：①发展和提升英国航天经济；②向全球推广英国的价值观；③引领开创性的科学发现；④在太空、利用太空保护和捍卫英国国家利益；⑤利用太空为英国公民和世界提供服务。为实现上述目标，战略强调了 4 个关键支柱：①挖掘英国航天领域的增长潜力；②开展国际合作；③将英国发展成为科技超级大国；④发展弹性太空能力和服务。该战略还明确将在未来 10 年为提升军事卫星通信能力投资 50 多亿英镑，在新技术和能力方面额外投入 14 亿英镑。

朝鲜首次成功试射新型高超声速导弹 9 月 28 日，朝鲜人民军从慈江道都阳里首次成功试射了其新研制的"火星"-8 高超声速导弹。通过此次试射，朝鲜验证了导弹在主动段的导航控制性能和稳定性，以及其他技术指标，主要包括：分离式高超声速滑翔弹头的制导机动性和滑翔飞行特性等；确认了首次采用的安瓿化导弹燃料系统和发动机的稳定性。试射结果表明，"火星"-8 的所有技术指标均满足设计要求。

韩国空军成立太空作战中心 9 月 30 日，韩国空军成立太空作战中心，以加强太空防御能力。该中心由韩国空军参谋长直接领导，下辖三个部门，分别负责太空政策制定、太空能力发展和太空态势感知。中心将在制定太空政策以及与美国太空军等伙伴加强合作方面发挥作用，将支持国防部和参联会的重点太空项目，助力空军建设太空能力，为空军向空天军转型奠定基础。

10 月

美国国家地理空间情报局（NGA）发布新数据战略 10 月 7 日，NGA发布新的数据战略，旨在有效处理大量信息流，提升跨域作战效率。战略主要内容包括：①使数据发现、访问与共享更直接和便捷；②继续改进数据资产，更好地将数据用于预期或意外任务；③使 NGA 人员及服务对象有效、安全地获取跨域数据；④通过人工智能和机器学习提升 NGA 数据资产的生产能力。

美国陆军发布统一网络计划 10 月 8 日，美国陆军公布统一网络计划，阐述为了 2028 年建成一支具备多域作战能力的部队，如何促进网络现代化。该计划提出做好多域作战准备、增强安全性和生存能力、维持企业和战术网络等工作，并分三个阶段实施：第一阶段，在 2024 财年实现综合战术和企业网的现代化，建立基于零信任原则的标准化安全架构，使现有能力加快向云基础设施发展，建立通用的数据标准，以实现人工智能和机器学习等新能力；第二阶段为 2025—2027 财年，运行统一网络并建立混合云能力，包括形成加速人工智能/机器学习能力发展的策略，建立持久的任务合作伙伴网络；第三阶段始于 2028 财年并持续一段时间，全面建成统一网络以支持多域作战部队，将形成多项先进技术能力，包括机器人和自主操作、网络安全和弹性能力以及边缘传感器。

澳大利亚与美国签署月球探测合作协议 10 月 13 日，NASA 与澳大利亚航天局签署了一项新协议，将进一步支持两国的载人和机器人月球探测任务。澳大利亚将开发一个可以在月球表面运行的小型巡视器，该巡视器不超过 20 千克，可铲取月壤并送至 NASA 着陆器上的原位资源利用（IS-RU）实验装置内，该装置将尝试从月壤氧化物中提取氧。

欧洲航天局与欧洲防务局联手加强太空网络安全环境　10 月 15 日，欧洲航天局（ESA）和欧洲防务局（EDA）就网络弹性方面的深化合作达成一致。ESA 与 EDA 将通过共享信息与能力，加强培训，与欧委会、欧盟卫星中心、欧洲网络信息安全局、欧洲网络安全能力中心等机构合作，提高太空网络安全环境，保护欧洲太空网络安全。

美国陆军"精确打击导弹"超过最大设计射程　10 月 13 日，美国陆军从范登堡太空军基地用"海马斯"多管火箭炮第二次试射了"精确打击导弹"（PrSM），导弹飞行距离超过 499 千米，创下该型弹射程的新纪录。"精确打击导弹"是美国陆军现代化优先项目，旨在取代现役"陆军战术导弹系统"（ATACMS）。该型弹具备陆基远程对陆打击和反舰能力，计划 2023 年开始部署，未来将发展射程超过 750 千米的增程型。

印度国防工业改革与重组取得重大进展　10 月 15 日，印度国防部宣布，印度弹药公司（MIL）、装甲车辆公司（AVANI）、印度先进武器与装备公司、印度军服公司（TCL）、印度延拓罗公司（YIL）、印度奥普特公司（IOL）和印度滑翔机公司（Gil），这 7 家新组建的国防企业投入运营，将取代包含 41 家国营兵工厂的兵工厂委员会（OFB）。印度总理莫迪称，这是印度国防工业领域开展的首次重大改革。7 家公司将提高印度在国防领域自主权和研制效率，释放新的增长潜力和创新力，在支持进口替代方面发挥重要作用。

韩国试射首枚国产运载火箭　10 月 21 日，韩国发射首枚国产 KSLV－2

（也称"世界号"）运载火箭，火箭达到预定的高度，但因第三级发动机故障，未能将模拟有效载荷送入预定轨道。KSLV‒2 火箭长 47.2 米，最大直径 3.5 米，一级采用 4 台 75 吨液体发动机，二级和三级分别采用 1 台 75 吨和 1 台 7 吨级液体发动机，800 千米地球轨道的运载能力为 1.5 吨。韩国总统文在寅表示，"将火箭送入 700 千米高度是一项伟大的成就，韩国离太空更近了一步。"他表示，韩国将继续推进该项目，2022 年 5 月进行第二次发射。

美国国家反情报与安全中心列出 5 个中美竞争关键领域　10 月 22 日，发布《保护美国关键与新兴技术免受外来威胁》报告，将人工智能、量子信息、生物技术、半导体和自主系统列为中美竞争的 5 个关键领域。报告认为，根据当前趋势，中国的人工智能可能在未来 10 年赶超美国；未来大规模量子计算机可解密网络安全协议，使保障国家安全的通信设施面临风险；生物技术可能被滥用并导致致命病原体，基因组技术则可用于确定群体遗传弱点；美国半导体面临全球供应链中断风险；自主系统将面临恶意网络攻击，以及供应链中断和对手威胁。

美国太空军启动"卫星通信对抗系统"升级　10 月 22 日，美国太空军启动 16 套 10.2 型"卫星通信对抗系统"升级，计划 2025 年完成。该型装备于 2020 年部署，可装载在拖车上进行机动，作战性能信息未公开。美军称，该型装备已部署于彼得森太空军基地、范登堡太空军基地、卡纳维拉尔角太空军基地以及海外秘密地点。"卫星通信对抗系统"是美军唯一一型公开的攻击性太空对抗装备，可干扰大部分 C、X、Ku 频段链路，暂时阻断对手卫星通信链路，拒止对手利用太空的能力。

法国发射首颗"锡拉库斯"‒4 军事通信卫星　10 月 24 日，法国"锡拉库斯"‒4A 军事通信卫星由"阿里安"‒5 火箭成功发射升空。该卫星将在 X 和 Ka 波段运行，通信传输速率可达 1.5 吉比特/秒，是"锡拉库斯"－3A 的 3 倍。作为对上一代系统的替换，"锡拉库斯"－4A 的设计与现有系统兼容，并为法国军队提供了更大的通信容量和更广泛的覆盖范围。"锡拉库斯"第四代军事通信系统共包括 3 颗卫星，首颗"锡拉库斯"－4A 卫星将于 9 个月后投入使用；第二颗"锡拉库斯"－4B 卫星将于 2022 年发射入轨；第三颗发射日期未公开。

日本完成卫星导航系统首次补网发射　10 月 26 日，日本 H－2A 火箭从种子岛航天中心发射"准天顶卫星系统"QZS－1R 卫星，替代已工作 10 年的首颗卫星，完成系统首次补网。"准天顶卫星系统"为区域增强导航系统，选用倾斜地球同步轨道，4 星星座即可实现对日本的连续覆盖。该系统预计 2023 年扩展为 7 星星座，成为独立的区域导航系统。

印度首次开展"烈火"－5 陆基远程弹道导弹用户试验　10 月 27 日，印度陆军战略部队司令部从奥里萨邦巴拉索尔海岸附近的阿卜杜勒·卡拉姆岛成功试射了一枚"烈火"－5 陆基远程弹道导弹，这是该型导弹开展的首次由军方主导的用户试验。"烈火"－5 是印度首型陆基远程弹道导弹，射程 5000～6000 千米，采用三级固体火箭发动机，携带核弹头，可公路机动发射，具备较强的机动、生存与突防能力。该导弹预计 2025 年前部署，将提高印度战略威慑能力。

11 月

俄罗斯总统普京明确武器装备发展优先事项　11 月 3 日，俄罗斯总统普京在与国防部和国防工业高层领导会谈时指出，研发和批产高技术、创新型武器装备是俄罗斯武装力量发展的关键方向之一，明确了俄罗斯正在制定的《2033 年前国家武备计划》的优先事项：一是研发新型高超声速武器系统、高功率激光武器和先进作战机器人，以应对潜在军事威胁，加强俄罗斯安全；二是将人工智能技术融入多种武器装备研制中，如指控系统、通信和数据传输系统、精确制导导弹、先进机器人、无人机以及深海潜航器，使其作战能力实现质的提升。

美英卫星通信公司验证跨系统联合通信能力　11月4日，国际通信卫星公司、一网公司为美国陆军验证了地球同步轨道卫星、低地球轨道卫星之间的跨系统联合通信。试验中，不同的通信终端分别成功连接了位于西经18°赤道上空的"国际通信卫星" −37 卫星和位于1200千米低地球轨道的1颗"一网"卫星，并测试了双向语音、数据、视频下载等功能。此次试验验证了不同卫星通信系统之间的通信能力，以及多频段卫星通信的安全可靠性。

美国对商业遥感星座的重访周期和成像区域进行限制　11月5日，鉴于商业遥感卫星对美国关键国家安全设施成像会导致潜在安全风险，美国国家海洋与大气管理局（NOAA）将在商业遥感许可程序下，限制中高分辨率商业遥感卫星的重访周期，禁止对正在进行敏感国家安全行动的地区进行成像。运营商必须提前48小时向NOAA提供成像位置、成像的起止时间，以获得豁免；每个成像周期（一个周期为1小时）内最多成像25分钟；在每48小时内成像不超过3个周期。NOAA商业遥感监管办公室创建了快速重访成像系统的新许可类别，将商业遥感卫星分为3类进行限制：第1类是自动许可的商业遥感卫星，包括现役可在全球成像的美国系统，现有61个许可；第2类是仅能在美国成像的星座，NOAA对其进行限制，有6个许可；第3类是具有先进能力的商业遥感卫星星座，不仅限制其重访周期，还将实施"临时"限制。

NASA 将开展行星防御技术的首次演示验证　11月5日报道，NASA 计划最早 11 月 23 日利用"猎鹰"－9 火箭发射"双小行星重定向测试"（DART）任务航天器，2022 年用其撞击"戴迪莫斯"（Didymos）小行星，验证动能撞击技术，研究使用拦截器偏转危险小行星轨道的可行性。DART 航天器体积约等于两个小冰箱，将以 24140 千米/小时的速度撞击"戴迪莫斯"小行星，并释放一个名为 LICIACube 的立方星用于监测，所得数据将用来理解和规划未来可能的任务，以更好地应对小行星威胁。

NASA 宣布将载人登月的时间至少推迟至 2025 年　11 月 9 日，美国国家航空航天局（NASA）宣布，将"阿尔忒弥斯"计划原定 2024 年底之前实现载人登月的目标至少推迟至 2025 年。NASA 局长尼尔森给出了原因：新冠疫情对人员和供应链的负面影响、新宇航服研制工作的延误、往届国会未给"载人着陆系统"（HLS）足够的拨款，以及蓝色起源公司对 NASA 选定 SpaceX 公司承包 HLS 的合法性发起诉讼，导致 NASA 在 7 个月内无法与 SpaceX 公司接触等。此外，原定 2023 年进行的"猎户座"飞船首次载人飞行也将推迟至 2024 年。

美国通用电气公司（GE）宣布重组　11 月 9 日宣布重大重组计划，GE 将拆分为三家上市企业：GE 旗下的电气电力、可再生能源、电气数字业务将组建专注能源的独立公司，2024 年完成重组；GE 医疗保健业务将于 2023 年初拆分成独立公司；GE 航空公司将专注于航空航天发动机业务，开发最具竞争力和创新价值的发动机，提高发动机效率、可靠性、寿命周期的经济性，力争占据全球 2/3 的商业航空发动机市场。

俄罗斯总统普京主持召开军工委员会会议　11 月 10 日，俄罗斯总统普京主持召开军工委员会会议。议题：一是审议《国家武备计划》成果，阐述形成《2024—2033 年国家武备计划》草案的途径；二是讨论国防生产多样化计划的实施情况；三是审议关键岗位候选人名单。普京讲话要点：

①俄罗斯国防工业组织稳定运行，未因疫情中断或延迟交付订货。2020 年国防订货完成率 96.2%，该高标准已持续 5 年以上。②现代化武器装备的比重在战略核力量中超 80%，在常规部队中超 70%，许多参数优于外军。③制定新计划时，须将人工智能等世界武器发展的主要趋势纳入考量。④国防工业组织应利用国家项目带来的开放机会，积极参与能显著增加民品的生产活动，引进先进技术；积极融入国防企业产品的抢手领域（如造船、飞机制造）；要认真监控产品质量，在价格和技术特性上与外国同行竞争。

俄罗斯成功实施地基反卫星武器试验　11 月 15 日，俄罗斯发射的一枚地基直升式反卫星导弹击中了一颗位于 485 千米轨道上的俄罗斯退役卫星。俄罗斯于 16 日证实开展反卫试验，并表示此次试验形成的碎片不会对航天活动构成任何威胁；这项活动严格遵守国际法；并与美国国家航空航天局局长尼尔森通话，称将保证国际空间站航天员安全，将制定联合规划。

日本拟成立第二宇宙作战队应对电磁攻击　11 月 15 日，日本计划 2022 财年在航空自卫队的防府北基地成立"第二宇宙作战队"，负责监视针对日本卫星的电磁干扰活动。防卫大臣岸信夫称，随着日本不断拓展在太空、网络和电磁频谱领域的行动，确保对太空的稳定利用极其重要。成立"第二宇宙作战队"体现出日本有意将防府北基地打造成太空监视的"西部据点"，是日本对俄罗斯等国电磁频谱能力不断增强所采取的举措之一。

法国成功发射首个业务型电子侦察卫星系统　11 月 16 日，法国成功发射 3 颗"天基信号情报能力"（CERES）卫星。CERES 卫星运行在 700 千米的近地轨道，用于探测和定位无线电通信系统和雷达信号，提供全天候/每日重访能力，可使军方能够更快速和有效地适应新的作战情景，提升法国在外空领域的战略独立性。CERES 任务由法国国防装备局统筹管理。空客防务与航天公司和泰勒斯·阿莱尼亚航天公司为联合主承包商,法国国家空间研究中心负责地面控制段的采办及发射事宜。

美国陆军将在1~2年内部署美军首批高超声速武器 11月16日,美国国防部联合高超声速过渡办公室主任伯西表示,陆军"远程高超声速武器"(LRHW)项目已部署运输－起竖－发射装置和其他地面设施,将在1~2年内部署首个可用于战场的高超声速导弹,这将是美国首个实际部署并准备使用的高超声速武器系统。随后,美国海军也将部署高超声速武器。美国陆军和海军即将部署的高超声速武器使用了通用型高超声速滑翔体,该滑翔体已于2020年进行了成功测试。美国空军目前正在研发超燃冲压发动机,将用于空军的高超声速武器系统。

美国国家安全太空组织发布《2021年航天工业基础状况》 11月18日,美国国家安全太空组织发布《2021年航天工业基础状况》报告,认为美国的创新和投资步伐处于历史最高水平,但缺少长期愿景、路线图和长期投资,而缺乏战略方向、忽视商业太空能力以及国内供应链脆弱的发展态势将无法持续。报告称,美国航天工业界认为,政府(NASA例外)作为商业产品和服务的消费者,对工业提供支持的不稳定,如对发射领域投资过多,但对太空经济至关重要的太空物流和制造业投资太少,国防部和情报界应通过采购商业服务而不是开发内部系统来支持航天工业发展。报告提议制定"太空高速公路"计划,利用太空运输的商业创新建设基础设施。

美国导弹防御局启动"滑翔段拦截弹"原型概念设计 11月19日,美国导弹防御局选择雷声公司、洛克希德·马丁公司和诺斯罗普·格鲁曼公司开发"滑翔段拦截弹"(GPI),要求2022年9月前三家公司分别完成原型概念设计,且原型机要与配备标准垂直发射系统的"宙斯盾"舰兼容,可与该舰改进型"宙斯盾"基线9武器系统进行集成。该拦截弹可在敌方高超声速导弹的无动力滑翔阶段进行拦截。此前，美国导弹防御局明确"标准"－6拦截弹作为美军在末段防御高超声速武器的初始解决方案，"滑翔段拦截弹"将建立应对高超声速威胁的第二个防御层。

美国"阿斯特拉"－3.3火箭实现首次成功发射　11月20日，美国阿斯特拉太空公司从科迪亚克岛成功发射"阿斯特拉"－3.3二级小型运载火箭，将有效载荷送入500千米轨道。该火箭的一级采用多台由电池驱动涡轮泵、推力28千牛的液氮/煤油发动机，低轨运载能力100千克。此前，该火箭进行了3次发射，均告失败。

NASA发射DART探测器验证小行星防御概念　11月24日，NASA成功发射了"双小行星重定向测试"（DART）探测器。DART将于2022年9月以超过24000千米/小时的速度与"戴莫福斯"小行星的卫星"戴迪莫斯"相撞，并通过撞击前释放的立方星观测撞击过程，地基望远镜将在撞击后的数月内测量双小行星系统轨道周期变化。DART任务是验证利用动能撞击技术偏转小行星轨道的可行性。

12月

美国副总统哈里斯公布《美国航天优先事项框架》　12月1日，美国国家航天委员会召开首次会议，会前副总统兼航天委员会主席哈里斯公布了《美国航天优先事项框架》，该文件有望用于指导航天委员会制定拜登政府的国家航天政策和战略。该文件分两大类阐述美国政府航天政策优先事项：第一类聚焦"保持强健且负责任的美国航天事业"，优先事项包括保持美国在太空探索和太空科学、利用天基能力监测气候变化，以及教育领域的领先地位；保卫国家安全，应对范围及规模日益增大的太空对抗威胁；保护天基关键基础设施；打造"富有竞争力且生机勃勃的美国商业航天产业"。第二类聚焦"为今世和后代保护太空",优先事项涉及太空的可持续发展等几个主题,如与国际社会接触,坚持并强化基于规则的太空国际秩序;推进太空活动的长期可持续性;支持建设发展民用太空交通管理能力;对有威胁的近地天体开展跟踪和缓减工作等。

美国国防部官员谈发展电磁频谱优势的思路　12月1日,美国国防部首席信息官弗莱彻表示,美国电磁频谱优势当前受到对手挑战。美国妿保持优势,需举国发力:国防部须与工业、学术界及盟友合作,与联邦政府其他机构合作,与商业部门合作,与国际电信联盟和世界无线电通信会议等国际机构合作,发展包括频谱共享在内的5G网络;打破频谱管理者、通信者和电子战作战者之间的壁垒,将相关活动统一在电磁频谱运营的广泛旗帜下;通过投资研发能感知、评估、共享、在复杂频谱环境中生存、与其他平台互操作且易于升级的系统,发展卓越的电磁频谱能力;构建强大的电磁作战管理能力,以监控、评估、规划和指导频谱行动,并将频谱整合到行动和计划中。

美国总统拜登签署关于航天委员会的行政令　12月1日,美国总统拜登签署行政令,明确了航天委员会的目的、组成、职责和运作方式、策划国家航天政策的程序等8项内容。航天委员会职责包括:①审查、制定航天政策和战略并向总统提出建议;②协调航天政策和战略的执行;③融合商业领域与国家安全领域的航天活动;④解决政府各机构间在航天政策和战略事项上的分歧;⑤促进各机构在航天领域的合作、协调和信息交流等。行政令规定航天委员会由副总统主持,成员包括国务卿,国防部、商务部等9个部的部长,总统安全事务、经济政策、国内政策助理和气候问题特使,白宫管理与预算办公室、科技政策办公室主任,参联会主席、NASA局长和国家侦察局局长等。

NASA 推进发展商业空间站　12 月 3 日，美国国家航空航天局（NASA）在"商业低轨目的地"计划下，分别向 3 个商业团队提供 1.25 ～ 1.6 亿美元，支持发展商业空间站，包括由洛克希德·马丁公司等 3 家企业组成的商业空间站开发团队，蓝色起源公司牵头的"轨道暗礁空间站"研究团队，以及诺斯罗普·格鲁曼公司利用"天鹅座"货运飞船开发空间站等。"商业低轨目的地"计划旨在激励美国商业公司发展低地球轨道经济，将分两阶段实施，第一阶段将进行早期概念开发，形成成熟设计方案；第二阶段将为客户提供有关服务。

韩国首次公布"海科尔"高超声速巡航导弹原型机概念　12 月 3 日，韩国国防发展局在举办的"2021 年国防科技庆典大会"上，首次公布"海科尔"（Hycore）陆基高超声速巡航导弹原型机概念。该原型机采用双模态超燃冲压发动机、惯性制导装置等，搭载了测定飞行数据的装置，包括采用可调谐激光光谱吸收技术的复合激光测量装置、利用嵌入式大气数据传感系统进行大气数据测量的设备等。报道称，韩国计划 2022 年开始对该原型机进行试验。

英国 BAE 系统公司将对 12 纳米抗辐射芯片进行资格认证　12 月 6 日，英国 BAE 系统公司宣布，根据与美国国防部签订的合同，将对 12 纳米抗辐射芯片进行认证。该芯片在美国弗吉尼亚州的 BAE 分部进行生产，并按照美国政府和航天工业使用的合格制造商名单（QML）V 类和 Q 类标准进行试验。该芯片将用于航天领域，比美国国防部目前使用的 45 纳米芯片更高效，功耗更低。

美国参众两院拟在《2022 财年国防授权法案》中修订部分航天内容　12 月 7 日，美国参众两院军事委员会公布《2022 财年国防授权法案》，提出 7680 亿美元的 2022 财年国防预算。法案中与航天相关的内容包括：①删除"建立太空国民警卫队"表述，要求国防部研究以其他方式建立预备部队。②要求国防部审查所有太空军项目，确定哪些可降密或解密。③要求国防部和情报部门支持"战术响应发射计划"。④要求国防部报告使用非地球同步轨道商业卫星通信能力的计划，加快将这些能力集成到军事网络中。⑤要求空军部长提交报告，说明如何将太空发展局整合进太空军。该法案还需参众两院通过后才能报送美国总统签字。

蓝源公司"新谢泼德"亚轨道飞行器实现首次满载 6 人商业飞行

12 月 11 日，美国蓝源公司使用"新谢泼德"飞行器首次完成满载 6 人亚轨道商业飞行。该飞行器飞行最大高度约 107 千米，乘员在飞行器内体验了数分钟失重状态，起飞 10 分钟后安全着陆。此次飞行乘员包括美国首位宇航员艾伦·谢泼德的女儿以及 4 位付费乘客。

韩澳两国加强战略和防务关系　12 月 13 日报道，韩国总统文在寅在对澳大利亚进行国事访问期间表示，韩澳两国关系将升级为"全面战略伙伴关系"，在太空、国防和清洁能源领域开展深化合作。双方已于 12 月 10 日签署了太空合作谅解备忘录，将在太空探索、发射服务、卫星导航等方面开展合作，并提高太空态势感知、对地观测、太空交通、碎片管理等能力。此外，澳大利亚授予韩国韩华集团价值 7 亿美元的合同，以采购自行榴弹炮和装甲弹药补给车等武器装备。

美国举行第二届"非法入侵卫星"太空安全挑战赛　12 月 13 日，美国第二届"非法入侵卫星"（Hack - A - Sat）太空安全挑战赛决赛已结束。在模拟太空的环境下，8 个参赛团队在 24 小时内进行了攻防对抗夺旗赛，包括争夺虚拟地面站、通信系统、"平卫星"物理卫星硬件以及用于模拟和测试命令的数字孪生软件。各队需在操作和防护自己的虚拟卫星系统同时，通过黑客攻击对手系统以获积分。系统存在诸多漏洞，团队必须修补或以其他方式减少漏洞。美国太空系统司令部高层表示，未来将实施"月光打火机"项目，即2023年发射一个卫星平台，届时参赛者将在真实太空环境中，通过在轨卫星的物理特性和有限的地面接触决出胜负。

美国陆军多域特遣部队将开展数据、战术云实验　12月15日，美国陆军中将莫里森表示，陆军多域特遣部队将作为新兴数据和云计算技术的试点单位，提高部队侦察、感知、理解、决策和行动能力，实现决策优势。在《陆军数字化转型战略》《陆军统一网络计划》的支持下，美国陆军正致力于实现云基础设施现代化，即通过全球部署的装备体系和战术网络，向兵团级及以下级别单位发送数据，计划2022财年和2023财年进行演习验证。同时，美国陆军正寻求重新制定数据和云战略，试验混合云环境下的战术能力，以便部队在通信降级的环境下做好作战规划。

DARPA"黑杰克"星座将与商业公司的卫星进行互操作性验证　12月16日，美国太空军太空系统司令部将与普里达合成孔径雷达公司合作，在太空系统司令部"商业增强太空互联网络操作"（CASINO）计划下，验证DARPA"黑杰克"星座与商业卫星之间的互操作性。按计划，2022年，DARPA将发射12颗卫星，PredaSAR公司将发射首颗卫星。在互操作验证中，该公司将利用卫星上的光通信终端向"黑杰克"卫星发送数据。CASINO计划旨在打造政府卫星和商业卫星构成的混合低轨星座架构，使政府星座可以利用商业卫星收集的数据，并可增强航天系统抗毁性、能力和容量，满足军队时敏作战需求。

美国太空军开展第13次"太空旗"演习　12月6日至17日，美国太空训练与战备司令部举行第13次"太空旗"演习（SF 22 - 1）。该演习由空军部主办，是一次战术级太空红蓝对抗演习，演习为太空部队提供规划、执行、评估和批判性思考未来太空作战的"实景 - 虚拟 - 构造"环境，其目标是培养联合作战人员以及推进作战概念应用。参演方包括太空军 9 支德尔塔部队，主要提供太空态势感知、预警和监视、情报、轨道战等系列能力，以及澳大利亚、加拿大和英国部分人员。该演习首次向盟国太空作战人员开放基于建模仿真能力的模拟战斗环境，旨在演练作战与互操作性。

美国"高超声速和弹道跟踪天基传感器"研制取得重要进展 12 月 20 日，美国导弹防御局通过对"高超声速和弹道跟踪太空传感器"（HBTSS）的关键设计评审，意味着承包商 L3 哈里斯公司将启动 HBTSS 制造。HBTSS 系统将作为美国国防部太空发展局"下一代太空体系架构"跟踪层的组成部分之一，部署在低地球轨道。当高超声速或弹道威胁目标通过卫星监视网时，目标将受到监视，HBTSS 传感器可以为实施拦截提供目标瞄准数据。HBTSS 系统与地基传感器结合，可以实现对高超武器或导弹从发射直至拦截的全程跟踪。

美国 SLS 重型火箭因主发动机计算机故障导致首飞推迟 12 月 20 日，美国国家航空航天局（NASA）在肯尼迪航天中心对"航天发射系统"（SLS）重型运载火箭进行全箭测试时，4 台主发动机之一的计算机出现故障，使控制器的 2 个冗余通道之一在测试过程中未能保持持续加电。由于必须更换火箭芯级 4 号发动机的控制器，SLS 火箭的首飞时间推迟。

俄罗斯首次齐射"锆石"高超声速导弹 12 月 24 日，俄罗斯总统普京宣布"锆石"高超声速导弹齐射试验成功。齐射试验中，"锆石"导弹在强电磁对抗环境下，每隔数秒从"戈尔什科夫海军上将"号护卫舰发射，验证导弹的制导系统、舰艇指控系统，以及利用数枚"锆石"导弹打击海上和地面目标的能力。按计划，该型导弹在国家定型试验下进行 5 次试射后，将于 2022 年批量交付俄罗斯海军。此次齐射为第 4 次；前 3 次试射分别于

11 月 18 日、29 日和 12 月中旬在白海进行，均从"戈尔什科夫海军上将"号护卫舰发射单枚导弹。

美国"詹姆斯·韦伯"太空望远镜发射升空　12 月 25 日，耗资超百亿美元、耗时 22 年的"詹姆斯·韦伯"太空望远镜成功发射，29 天后将到达距地球 150 万千米的日地 L2 拉格朗日点的晕轨道。该项目于 1999 年启动研制，是迄今美国国家航空航天局实施的最复杂和最昂贵的无人航天计划，其发射质量 6160 千克，配置 6.5 米口径的拼接式可展开望远镜和 4 台工作在红外范围的主要科学仪器；将用于研究宇宙大爆炸、星系形成及系外恒星周围的行星环境。NASA 为该项目投入约 97 亿美元，欧空局投入 8.1 亿美元，加拿大出资 1.6 亿美元，美国诺斯罗普·格鲁曼公司为主承包商。入轨后，NASA 将对望远镜进行校准和调试，预计 6 个月后投入使用。

俄罗斯"安加拉"–A5 大型运载火箭发射失败　12 月 27 日，俄罗斯发射的"安加拉"–A5/"珀尔修斯"运载火箭因上面级故障导致 IPM–3 模拟载荷未进入预定轨道。此次是"安加拉"–A5 的第 3 次发射，起飞后一级、二级飞行正常，但首次飞行的"珀尔修斯"（Perseus）上面级在第二次点火后，只工作 2 秒就因故障关机，导致 IPM–3 进入 179 千米×201 千米、倾角 63.4°的过低轨道。"安加拉"系列火箭是苏联解体后俄罗斯全新研制的第一种火箭，是俄航天发展的重点项目。

2021 年全球实施 144 次航天发射，创 54 年以来的纪录　截至 12 月 30 日，2021 年全球共实施 144 次轨道发射。其中，中国 55 次、美国 45 次、俄罗斯 25 次、欧洲 6 次、新西兰与美国合作 6 次、日本 3 次、印度 2 次、韩国与伊朗各 1 次。全年有 10 次发射失败或部分失败。中国长征系列，美国"猎鹰"–9、"宇宙神"–5 和"德尔塔"–4，俄罗斯"联盟"系列，欧洲"阿里安"–5，日本 H–2A 和印度 PSLV 火箭等大中型火箭全部发射成功；俄罗斯"安加拉"－5A重型火箭和"质子"－M以及印度GLSV－MK2发射失败，韩国首枚国产火箭部分失败。

（中国航天系统科学与工程研究院　李虹琳）

2021 年航天领域重要战略规划文件汇编

文件名称	太空能源		
发布时间	2021 年 1 月	发布机构	美国能源部
内容概要	《太空能源》进一步加强能源部推动下一代太空探索的能力，指导美国能源部参与太空活动。该战略支持特朗普政府去年底发布的《国家太空政策》，并呼吁美国能源部提供所需科学、技术和工程解决方案，为美国在太空领域重新发挥领导作用提供支持。战略指出能源部将克服远距离、极端条件、复杂操作和陌生环境等挑战，推动太空探索、太空安全和太空商业的发展；将与 NASA 和私营部门合作开展相关太空项目，推进对太空资源的充分利用。战略提出能源部参与太空活动的四项任务：①为美国太空用户开发核能与非核能能源技术，研发用于太空的能源管理系统，为太空系统开发创新的能源生成、收集、储存、分配、使用和热管理技术；②利用能源部实验室获得太空领域的科学发现，促进人类对宇宙的认识，探索人类在太空中生活和工作的方式；③能源部的技术能力、系统以及卫星等，将用于军事和民用太空计划；④推动空间科学研究创新，取得空间应用技术的突破，使美国商业航天工业能够安全、高效地发展		

文件名称	推进小型模块化反应堆在国防和太空探索领域的应用		
发布时间	2021 年 1 月	发布机构	美国白宫
内容概要	行政令强调将小型模块化核反应堆应用于国防和航天，称该命令将进一步振兴美国核能行业和太空探索计划。该行政命令概述了美国国家航空航天局（NASA）与国防部寻求小型核反应堆的不同方向，同时就这些系统的通用技术进行合作。行政令要求 NASA、国防部、能源部和其他机构基于同一个技术路线图开展合作，以确定太空核动力系统在国家安全方面的应用；要求能源部开发高离析低浓缩铀（HALEU）生产技术，并将该技术转移商业部门，以进行更具规模的生产；要求 NASA 在 180 天内提交一份报告，阐明 NASA 到 2040 年在载人和机器人太空探索任务中使用核能系统的需求，并分析成本和收益；在国防应用方面，提出在美国境内的军事设施中演示经美国核管理委员会许可的"微型反应堆"，以检验其是否满足国防部需求		

文件名称	7 号太空政策令：美国天基定位导航授时（PNT）政策		
发布时间	2021 年 1 月	发布机构	美国白宫
内容概要	7 号太空政策令强调美国政府和商业机构应具有备份可用的 PNT 技术。该政策令为美国国家和国土安全、民用、商业和科学目的的天基 PNT 项目和活动制定了实施行动和指南，旨在保持美国在提供全球导航卫星系统（GNSS）服务和使用 GNSS（包括 GPS 和外国系统）的领导地位。其建议美国政府增强导航战能力，阻止对美国天基 PNT 服务的恶意使用；提高天基 PNT 服务性能，包括开发抗干扰性更强的信号；保护 GPS 及其增强设备的频谱环境；与美国工业界合作，调查可提高 GPS 和 PNT 服务弹性的其他无线电频谱区域；与国际 GNSS 供应商合作确保兼容性；改善 GPS 及其增强系统的网络安全性等。7 号太空政策令将取代 2004 年布什政府发布的《39 号国家安全总统令：美国天基 PNT 政策》		

文件名称	国家轨道碎片研发计划		
发布时间	2021 年 1 月	发布机构	美国白宫
内容概要	该研发计划用于指导联邦政府的研发工作，以限制、追踪、表征和修复地球轨道中的碎片。该计划阐述了支持轨道碎片风险管理的 3 个基本要素和 14 个研究领域。要素一是通过设计限制碎片产生，研究领域包括减少发射过程中的碎片，提高航天器防护和抗冲击性能，提高机动能力等；要素二是跟踪和表征碎片，研究领域包括表征轨道碎片和太空环境，减少碎片数据在轨道传播和预测中的不确定性，提高对碎片编目的数据处理、共享和过滤等；要素三是修复或重新利用碎片，研究领域包括开发修复和重新利用碎片物体的技术，建立风险和成本效益分析模型等		

文件名称	美国太空司令部司令战略愿景		
发布时间	2021 年 1 月	发布机构	美国太空司令部
内容概要	该"愿景"制定了太空指挥领域的广泛目标，强调以"联合部队"的形式开展行动，将太空领域与其他领域融合，提高太空战备能力，威慑美国对手。文件认为，美国应为日益复杂的太空环境做好准备，聚焦实现"太空优势"。文件指出太空司令部的任务是执行太空行动以遏制冲突，并在必要时击败对手，为联合部队提供太空作战力量，捍卫美国与盟友和伙伴的重要利益。为战胜日益强大的竞争对手，太空司令部与盟友和伙伴将通过全面整合攻防行动，以提升太空作战力量；保护和捍卫美国国土及利益，并确保长期可持续性优势。文件同时提出确保优势的 5 项关键任务：一是了解竞争对手，教育联合作战人员了解威胁和对手，鼓励颠覆创新；二是建立司令部以开展竞争并制胜，实现全面作战能力；三是维护关键关系，巩固联盟并吸引新的合作伙伴；四是保持数字优势，发展网络作战能力，投资人工智能和机器学习等变革性技术；五是整合商业和跨部门组织，提倡负责任的太空行为，倡导更强大的太空能力，并利用国家力量解决共同挑战		

文件名称	美国太空军数字化军种愿景		
发布时间	2021 年 5 月	发布机构	美国太空军
内容概要	该"愿景"提出将太空军建设成一支互联互通、创新、数字化主导的力量。美国太空军认为，其需要利用信息和数据来加速发展能力，以最快的速度进行研发和部署太空能力，并借助数字解决方案，在敌对、复杂和动态的环境中不断适应和发展。美国太空军将采用最新技术和方法开展大规模的文化和技术变革，成为真正的数字化军种。为促进数字化转型，太空军需重点关注四大领域：①数字化工程，建立可互操作、弹性、安全的数字工程生态系统，快速将成熟的创新概念发展成一体化解决方案，加速提供关键作战能力；②数字化人才，培养技能娴熟的数字化人才；③数字化总部，摈除官僚机构，推进以数据为依据的决策；④数字化作战，利用互联互通的基础设施和数字化人才，推动在太空、从太空、向太空的联合全域作战概念发展		

文件名称	促进太空资源开发与利用相关商业活动的法案		
发布时间	2021 年 6 月	发布机构	日本国会
内容概要	《太空资源法》规定，经日本政府准许，日本公司有权勘探、开采和利用各类太空资源。日本此项法案与美国 2015 年通过的《商业航天发射竞争力法案》以及此后卢森堡和阿联酋分别通过的相关法案相似，都授予本国企业开采太空资源的权利，但不涉及天体财产权，以规避违反《外层空间条约》。美国、日本、卢森堡和阿联酋都是《阿尔忒弥斯协议》签署国，该协议支持开采和利用太空资源的能力。在日本参议院 6 月 15 日批准通过太空资源法当日，俄罗斯航天国家集团总裁罗戈津表示，对于太空资源的开发利用，各国不应单方面通过任何法律，呼吁在国际层面建立"规章制度"解决相关问题		

文件名称	国家太空战略		
发布时间	2021 年 9 月	发布机构	英国政府
内容概要	《战略》阐述了英国太空愿景：成为世界上最具创新性和吸引力的太空经济体之一，发展成为太空大国；保护和捍卫英国的太空利益，重塑太空环境，利用太空能力解决国内外挑战；通过前沿技术研究，保持英国在太空科学和技术方面的竞争优势。该战略明确了五个目标：①发展和提升英国太空经济；②向全球推广英国的价值观；③引领开创性的科学发现；④在太空、利用太空保护和捍卫英国国家利益；⑤利用太空为英国公民和世界提供服务。为实现上述目标，战略强调了 4 个关键支柱：①挖掘英国太空领域的增长潜力；②开展国际合作；③将英国发展成为科技超级大国；④发展弹性太空能力和服务。该战略还明确将在未来 10 年为提升军事卫星通信能力投资 50 多亿英镑，在新技术和能力方面额外投入 14 亿英镑		

文件名称	美国太空优先事项框架		
发布时间	2021 年 12 月	发布机构	美国白宫
内容概要	文件阐述了拜登政府太空政策的优先事项，包括应对日益增长的军事威胁和支持"基于规则的国际太空秩序。"具体描述拜登政府太空政策两类优先事项：一是"维持一个强大而负责任的美国航天事业"，包括美国在太空探索和科学领域的持续领导地位，利用天基能力监测气候变化，以及 STEM 教育；捍卫"国家安全利益免受日益扩大的太空和反太空威胁的影响，保护天基关键基础设施，支持有利于"一个有竞争力和蓬勃发展的美国商业太空部门"的法规。二是"为今世后代保护太空"，包括"美国将与国际社会合作，维护和加强基于规则的国际太空秩序"。该文件将指导美国国家太空委员会努力制定和实施未来的国家太空战略和政策，继续注重推进和同步发展美国民用、商业和国家安全太空活动，包括促进和平探索太空和减少太空误判或冲突的风险、应对气候危机、加强 STEM 教育		

（中国航天系统科学与工程研究院　肖剑白）

2021 年航天领域重大项目清单

序号	项目名称	主要机构	项目基本情况	研究进展	军事影响
1	下一代太空体系架构（Next - Generation Space Architecture）	美国太空发展局	由传输层、跟踪层、监视层、威慑层、导航层、作战管理层、支持层等 7 个功能层组成，具备通信传输、导弹预警跟踪、侦察监视、太空感知、定位授时、作战管理、地面支持等能力，计划在高度 1000 千米的低地球轨道部署约 1000 颗质量 50～500 千克的小卫星	2019 年，太空发展局提出"下一代大空体系架构"计划；2020 年，太空发展局启动"下一代大空体系架构"建设，授出传输层 0 批卫星和跟踪层 0 批卫星研制合同，0 批卫星发射合同等；2021 年，太空发展局对卫星激光通信、导弹识别跟踪、星上自主处理等关键技术进行在轨验证	"下一代太空体系架构"正是美军瞄准未来战场构建的天基支持的全域作战网络，将太空支援信息传递到最小作战单元，高度连通各域作战平台，形成无间断侦察监视和接力式跟踪、快速自主地协调作战支援能力，可满足战区小时级甚至分钟级、秒级的战术作战需求，颠覆美军未来作战样式

续表

序号	项目名称	主要机构	项目基本情况	研究进展	军事影响
2	"导航技术卫星"－3（NTS－3）	美国空军研究实验室	美国空军研究实验室与相关军事机构及工业部门研制新一代导航卫星，计划2023年发射"导航技术卫星"－3（NTS－3）进入地球同步轨道，并结合导航系统的空间段、地面控制段和利用户终端，演示卫星PNT的战术、技术与规程（TTPs），测试实验天线，增强自动化全的信号，灵活安和利用商业地面站等关键技术，相关成果将用于美国后续GPS以及整个天基PNT体系	2015年，美国空军研究实验室（AFRL）下属航天器部启动NTS－3项目；2017年，项目完成重组，联合工业界、政府机构和大学共同开发实验概念并参与飞行实验；2017年6月，美国空军研究实验室授予洛克希德技术公司合同，负责建造NTS－3卫星地面站并测试卫星与地面站之间通信；2018年12月，美国空军研究实验室授予哈里斯公司价值8400万美元合同，作为主承包商研制NTS－3卫星；2020年2月和6月，NTS－3卫星项目先后通过初始设计评审和关键设计评审，进入制造、演示和试验阶段。2021年6月，诺斯罗普·格鲁曼公司向空军研究实验室交付了NTS－3卫星的ESPAStar－D平台，后续将由L3哈里斯技术公司开展集成测试并为发射入轨做准备	加速天基PNT当前在轨技术升级以及远期系统发展更新换代，显著改善导航卫星在轨生存能力，大幅提升定位精度、抗干扰等导航服务性能

续表

序号	项目名称	主要机构	项目基本情况	研究进展	军事影响
3	宇宙尺度寿终服务－验证（ELSA－d）	日本宇宙尺度公司	利用2颗试验卫星验证通过磁力装置抓捕装有铁磁对接板的目标，并拖曳其离轨。验证内容包括非翻滚抓捕、翻滚抓捕、相对导航和离轨，其中包括在服务卫星传感器视线范围外搜寻和识别目标卫星；主要验证太空碎片移除技术，为后续工程任务储备技术经验	2017—2019年，日本宇宙尺度卫星技术公司相继与英国萨里卫星技术公司、欧洲航天局、日本宇宙航空研究开发机构等签署项目合作协议；2019年10月，服务星进入总装、集成、测试阶段；11月，目标星完成研制；2021年3月，2颗卫星连接在一起发射升空，在轨调试后，启动历时半年的试验验证；2021年8月，完成太空碎片磁力清除技术初步试验，服务星将捕获目标星推离数百米后，利用抓捕机构捕获姿态稳定的目标星	该项目标志着日本太空碎片移除技术取得实质性突破。相关技术发展将助推日本发展太空域感知能力、捕获并拖带本国卫星变轨躲避威胁太空对抗能力、正轨道的防御性太空对抗能力，以及使对手卫星偏轨的进攻性太空对抗能力

续表

序号	项目名称	主要机构	项目基本情况	研究进展	军事影响
4	长期在轨载荷环（LDPE）	美国太空与导弹系统中心	美国太空军以"老鹰"等早期项目的经验和技术为基础开发"长期在轨载荷环"（LDPE）项目。LDPE 平台将在地球同步轨道开展为期 12 个月的在轨机动操作、平台有效载荷托管以及小卫星分离等技术验证	2017 年 11 月，轨道 ATK 公司（现为诺斯罗普·格鲁曼子公司）获得美国空军太空与导弹系统中心研制合同；2020 年 10 月，LDPE 项目名称修改为"快速在轨太空技术鉴定环"（ROOST-ER，也称"雄鸡"），LDPE 项目前三个试验平台名称保留：LDPE - 1，LDPE - 2 和 LDPE - 3A；后续平台采用"雄鸡"项目命名；2021 年 12 月，LDPE - 1 搭载"宇宙神"-5 运载火箭升空，开展在轨试验；美军随后公布 LDPE - 1 平台处于地球同步轨道的坟墓轨道	LDPE 将为美军提供太空机动部署能力，可托管有效载荷和部署小卫星，且具有低成本、快速响应作战优势

续表

序号	项目名称	主要机构	项目基本情况	研究进展	军事影响
5	"高超声速和弹道跟踪天基传感器"项目（HBTSS）	美国导弹防御局	为形成针对高超声速助推滑翔导弹的探测跟踪能力，美国导弹防御局启动"导弹防御跟踪系统"项目，后更名为"高超声速和弹道跟踪天基传感器"项目。该项目计划研制部署于低地球轨道的星载中视场红外传感器，形成大规模天基传感器网络，可对高超声速助推滑翔导弹等目标进行预警探测和全程跟踪，未来将融入太空发展局正在建设的"下一代太空体系架构"中	2019年，导弹防御局授予诺斯罗普·格鲁曼、雷声、Leidos、L3哈里斯等4家公司各一份为期12个月、价值2000万美元的合同，用于完成"高超声速和弹道跟踪天基传感器"的载荷原型方案设计、信号链路处理、软件算法的光的研发进入载荷原型设计阶段； 2021年1月，导弹防御局授予诺斯罗普·格鲁曼公司和L3哈里斯公司传感器原型研制合同； 2021年6月，导弹防御局发射2颗纳卫星，进行为期90天的演示，验证"高超声速与弹道跟踪天基传感器"等系统的关键技术； 2021年11月，诺斯罗普·格鲁曼公司表示已经完成传感器原型关键设计评审，计划2023年交付传感器原型，2023年7月之前进行在轨测试	"高超声速和弹道跟踪天基传感器"与部署在高机的预警探测卫星系统配合，可弥补美军当前高超声速和弹道导弹预警探测的缺口，并融人美未来导弹预警体系，形成一种弹性、灵活的导弹跟踪和探测能力，极大增强对弹道导弹和高超声速助推滑翔导弹的预警探测能力，以增强战区对导弹的准确预判能力和防御能力

续表

序号	项目名称	主要机构	项目基本情况	研究进展	军事影响
6	战术响应发射（Tactically responsive launch）	美国空军研究实验室	利用商业航天发射力量，演示验证 24 小时快速响应发射能力。项目主要开展快速响应发射概念设计、技术分析、任务保障、发射服务采购、演示验证快速响应发射任务、演练技术战术规程等工作	2020 年，项目启动；2021 年 6 月，美国太空军利用"飞马座"–XL 空射火箭成功开展首次"战术响应发射"任务，将一颗"战术响应发射"–2（TacRL–2）卫星发射入轨，验证了卫星 1 年内快速制造及火箭在 21 天内执行发射任务的能力	该项目旨在通过成熟商业产品和技术，缩短卫星研制、火箭发射部署周期，以快速响应美军各军种作战司令部紧急需求，实现卫星快速交付和 24 小时快速响应发射，从而增强美战时发射、按需补网能力，降低成本甚至抵消对手反卫效果

（中国航天系统科学与工程研究院　梁晓莉　张京男　贾平　刘慧　杨富茗　刘博）

2021 年航天领域重大演习清单

序号	演习名称	演习时间	演习目标	参演力量	实施过程
1	"太空雷霆" 2021	2021.11.02—11.10	确保太空领域对核战备与战略核威慑能力的支撑作用	美国太空司令部主导，约30名太空司令部总部参谋参与	• 演练了指挥控制流程，确保太空司令部能够执行 "受援" 角色，就太空领域开展保护和防御工作； • 综合评估了太空领域对提高核战备与战略威慑能力的作用
2	"太空旗 21-2"	2021.04.26—05.06	重点提升太空作战人员的攻防对抗技战术水平，确保美国在 "对抗加剧、作战效果降低、军事行动受限" 的环境下获取并保持太空优势	共39人参与	战术轨道交战

续表

序号	演习名称	演习时间	演习目标	参演力量	实施过程
3	"太空旗21-3"	2021.08.11—08.20	重点提升太空作战人员的攻防对抗技战术水平，确保美国在"对抗加剧、作战效果降低、军事行动受限"的环境下获取并保持太空优势	• 蓝军：太空作战司令部第2、3、4、5、6、7、8、9德尔塔部队（31人）• 红军：第527太空侵略者中队 • 白方：阿尔法作战中心；首次加入1位美国陆军第1太空旅太空控制规划人员参与观摩	构建了涵盖各种太空任务的全面训练环境，演习场景有机会执行多种战术技术改进建议（TIP），使参演人员可能的战术规程和可能的战术训练要点用于支持现进而将这些战术训练要点用于支持现实任务
4	"太空旗22-1"	2021.12.06—12.17	重点提升太空作战人员的攻防对抗技战术水平，确保美国在"对抗加剧、作战效果降低、军事行动受限"的环境下获取并保持太空优势	• 蓝军：太空作战司令部第2、3、4、5、6、7、8、9德尔塔部队 • 红军：第11太空德尔塔部队 • 白方：第1德尔塔部队第392战斗训练中队 • 澳大利亚、加拿大、英国高官	• "首次使用建模仿真的联盟太空演习"：是第2次邀请盟友参与，但是首次向盟友开放基于建模仿真的太空作战环境；• 模拟了美国导弹预警卫星被俄罗斯击毁或干扰情况下，美在太空实施太空电子战的可能作战效果；• 盟国参演者演练了规划执行一体化作战、执行并改进了战术，演练了指挥控制关系，融合情报和战术太空部队来保护美及盟友利益

续表

序号	演习名称	演习时间	演习目标	参演力量	实施过程
5	"AsterX"太空军演	2021.03.08—03.12	试验保卫本国卫星的能力，并对具有潜在危险的太空物体和卫星面临的威胁进行模拟监测	• 法国太空司令部 • 美国太空军 • 德国航空航天中心	—
6	"全球闪电"2021	2021.03.08—03.12	重点面向国防部指挥控制与作战人员，旨在训练联合盟部队，评估战场各种情况，为有效威慑各种威胁创造条件	• 美国战略司令部、太空司令部、欧洲司令部 • 澳大利亚国防军、加拿大国防军、英国国防部 • 共900人参与	美国太空司令部100多名人员参与，在联盟太空作战中心测试了一系列多域太空作战能力，重点检验了与战略司令部、欧洲司令部及盟友伙伴在多域中协调、合作，开展军事行动的互操作能力，有助于提升太空司令部对联合太空部队的一体化指挥控制，将决策信息高效传递至战术边缘
7	"施里弗"2021	2021.08（2天）；09.29—09.30	以博弈研讨和兵棋推演等方式开展的战略级太空作战演习	• 太空军太空训练与战备司令部实施，共300多名国际专家参与 • 日本航空自卫队等	聚焦关键的太空军事行动

（中国航天系统科学与工程研究院 田甜）